服装高等教育"十二五"部委级规划教材

服装实用技术基础入门

服装工艺：
缝制入门与制作实例

童 敏 主 编
郭东梅 田 琼 卫向虎 副主编

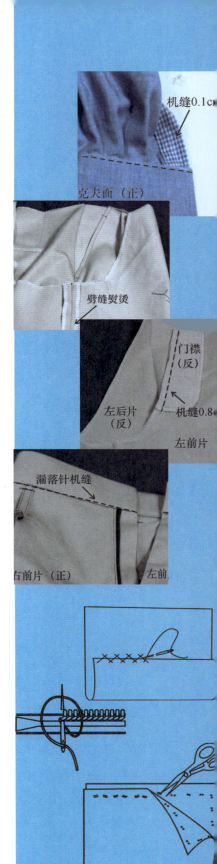

中国纺织出版社

内容提要

本书是服装高等教育"十二五"部委级规划教材。根据服装专业基础工艺教学的需要，本书结合实物照片，采用分步骤解析的方式，全面系统地介绍服装基础缝纫针法、缝型以及收省、开袋、开衩、衣领、衣袖等服装常见部件的基本缝制工艺，并进一步介绍女裙、男女衬衫及西裤的基本缝制工艺流程。

全书图文并茂、直观形象，既可作为高等院校服装专业的基础教材，也可作为服装从业人员、爱好者的参考用书。

图书在版编目（CIP）数据

服装工艺：缝制入门与制作实例／童敏主编．--北京：中国纺织出版社，2015.4（2024.7重印）

服装实用技术·基础入门　服装高等教育"十二五"部委级规划教材

ISBN 978-7-5180-0805-6

Ⅰ．①服…　Ⅱ．①童…　Ⅲ．①服装缝制—高等学校—教材　Ⅳ．①TS941.63

中国版本图书馆CIP数据核字（2014）第160977号

策划编辑：李春奕　　责任编辑：陈静杰　　责任校对：楼旭红
责任设计：何　建　　责任印制：储志伟

中国纺织出版社出版发行
地址：北京市朝阳区百子湾东里A407号楼　邮政编码：100124
销售电话：010—67004422　传真：010—87155801
http： //www.c-textilep.com
E-mail： faxing@c-textilep.com
中国纺织出版社天猫旗舰店
官方微博 http： //weibo.com/2119887771
北京通天印刷有限责任公司印刷　各地新华书店经销
2015年4月第1版　2024年7月第7次印刷
开本：889×1194　1/16　印张：8.75
字数：131千字　定价：49.80元

凡购本书，如有缺页、倒页、脱页，由本社图书营销中心调换

出版者的话

《国家中长期教育改革和发展规划纲要》中提出"全面提高高等教育质量","提高人才培养质量"。教高[2007]1号文件"关于实施高等学校本科教学质量与教学改革工程的意见"中,明确了"继续推进国家精品课程建设","积极推进网络教育资源开发和共享平台建设,建设面向全国高校的精品课程和立体化教材的数字化资源中心",对高等教育教材的质量和立体化模式都提出了更高、更具体的要求。

"着力培养信念执著、品德优良、知识丰富、本领过硬的高素质专门人才和拔尖创新人才",已成为当今本科教育的主题。教材建设作为教学的重要组成部分,如何适应新形势下我国教学改革要求,配合教育部"卓越工程师教育培养计划"的实施,满足应用型人才培养的需要,在人才培养中发挥作用,成为院校和出版人共同努力的目标。中国纺织服装教育协会协同中国纺织出版社,认真组织制订"十二五"部委级教材规划,组织专家对各院校上报的"十二五"规划教材选题进行认真评选,力求使教材出版与教学改革和课程建设发展相适应,充分体现教材的适用性、科学性、系统性和新颖性,使教材内容具有以下三个特点:

(1)围绕一个核心——育人目标。根据教育规律和课程设置特点,从提高学生分析问题、解决问题的能力入手,教材附有课程设置指导,并于章首介绍本章知识点、重点、难点及专业技能,增加相关学科的最新研究理论、研究热点或历史背景,章后附形式多样的思考题等,提高教材的可读性,增加学生学习兴趣和自学能力,提升学生科技素养和人文素养。

(2)突出一个环节——实践环节。教材出版突出应用性学科的特点,注重理论与生产实践的结合,有针对性地设置教材内容,增加实践、实验内容,并通过多媒体等形式,直观反映生产实践的最新成果。

(3)实现一个立体——开发立体化教材体系。充分利用现代教育技术手段,构建数字教育资源平台,开发教学课件、音像制品、素材库、试题库等多种立体化的配套教材,以直观的形式和丰富的表达充分展现教学内容。

教材出版是教育发展中的重要组成部分,为出版高质量的教材,出版社严格甄选作者,组织专家评审,并对出版全过程进行跟踪,及时了解教材编写进度、编写质量,力求做到作者权威、编辑专业、审读严格、精品出版。我们愿与院校一起,共同探讨、完善教材出版,不断推出精品教材,以适应我国高等教育的发展要求。

中国纺织出版社
教材出版中心

前言

服装缝制工艺是服装专业学生的必修课程,是将服装设计作品由理想变为现实的重要环节。学习服装缝制工艺的基础手段、方法和技巧,不仅可以了解服装的制作方法,更能够从制作过程中体会到设计图与成品的相互联系,修正及开拓服装设计的思路,使设计作品具有可操作性,外形更美观。同时提高学生的动手实践能力,能够更加适应市场需求,为服装制作打下良好基础。

服装制作方法多种多样,单件制作与工厂流水生产的制作方法也不尽相同。本书主要针对服装设计专业的特点编写,讲述的是单件服装的基本制作方法。为了在教学过程中方便学生自学,本着简单易懂的原则,以实物照片配合电脑制图的方法,逐步分解服装制作步骤,使学生能够在没有工艺基础的条件下,根据分解步骤图完成制作的全过程。本书从服装缝制的基础知识、服装部件缝制到服装整件的缝制,对缝制工艺进行了较为全面详细的讲解,内容由浅入深,循序渐进,使学生逐步掌握工艺方法,直到整件服装的完成。同时,由于照片在本书中对内容的表达有限,因此在照片上增加辅助线条及文字说明,更加清晰地反映出每个部位的操作细节。同时,每一章后面都配有本章小结、思考题和练习题,更加适合学习的需要。

本书分为四章,其中第一章由重庆师范大学的郭东梅老师编写,第二章由西南大学田琼老师编写,第三章、第四章由重庆师范大学的童敏老师编写,平面款式图由重庆师范大学卫向虎老师绘制。全书由童敏老师统稿。

由于编者时间和水平有限,本书难免有遗漏和不足之处,敬请广大师生提出宝贵的意见和建议,使之在修订时逐步完善。

编 者
2014年2月

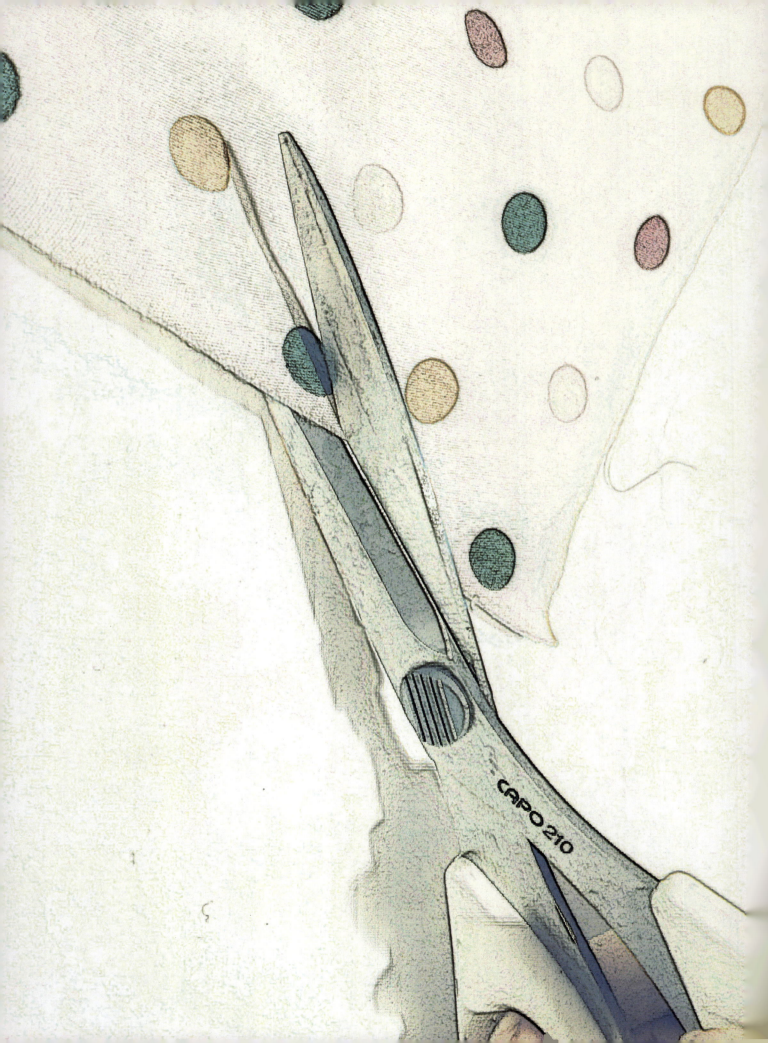

目 录

第一章 服装缝制基础知识 …… 002
第一节 常用服装缝制工具及设备 …… 002
一、度量工具 …… 002
二、标记工具 …… 002
三、裁剪缝制工具 …… 002
四、缝制设备 …… 003
五、整型工具 …… 004
第二节 常用服装面料及辅料 …… 005
一、服装面料 …… 005
二、服装辅料 …… 006
第三节 常用服装工艺名词术语及缝制符号 …… 009
一、常用服装制图及缝制符号 …… 010
二、常用服装术语 …… 011
第四节 服装原料检验整理及排料基础知识 …… 013
一、面里料检验整理基础知识 …… 013
二、服装排料基础知识 …… 014
本章小结 …… 015
思考题 …… 015

第二章 缝制及熨烫基础工艺 …… 018
第一节 手缝基础工艺 …… 018
一、手缝工具的选用 …… 018
二、手缝基础工艺 …… 018
第二节 机缝基础工艺 …… 022
一、机缝前的准备 …… 022
二、上机操作 …… 023
三、机缝基础缝型 …… 023
第三节 熨烫工艺 …… 026
一、熨烫的原理 …… 026
二、熨烫的作用 …… 026
三、熨烫的基本要素 …… 026
四、熨烫方法 …… 027

本章小结 ··· 029
　　思考题 ··· 029
　　练习题 ··· 029

第三章　服装部件缝制工艺 ··· 032
　　第一节　省和褶裥缝制工艺 ··· 032
　　　　一、省道 ··· 032
　　　　二、褶裥 ··· 034
　　第二节　门襟缝制工艺 ··· 037
　　　　一、女衬衫门襟 ··· 037
　　　　二、男衬衫门襟 ··· 039
　　　　三、T恤门襟 ··· 041
　　第三节　开衩缝制工艺 ··· 044
　　　　一、袖衩 ··· 044
　　　　二、底摆开衩 ··· 050
　　第四节　拉链缝制工艺 ··· 054
　　　　一、平口拉链 ··· 054
　　　　二、隐形拉链 ··· 056
　　　　三、裤前门襟拉链 ··· 058
　　第五节　口袋缝制工艺 ··· 060
　　　　一、贴袋 ··· 060
　　　　二、插袋 ··· 061
　　　　三、挖袋 ··· 065
　　第六节　衣领缝制工艺 ··· 076
　　　　一、无领 ··· 076
　　　　二、立领 ··· 081
　　　　三、翻领 ··· 083
　　　　四、西服领 ··· 088
　　本章小结 ··· 091
　　思考题 ··· 091
　　练习题 ··· 091

第四章　服装整件缝制工艺 ··· 094
　　第一节　不挂里西服裙缝制工艺 ··· 094
　　　　一、款式特点 ··· 094
　　　　二、平面结构图 ··· 094
　　　　三、样板放缝及排料图 ··· 095
　　　　四、工艺流程图 ··· 095
　　　　五、制作过程 ··· 095

  六、质检要求（根据《国家服装质量监督检验检测工作技术标准实施手册》部分摘录) 100

 第二节　女衬衫缝制工艺 101
  一、款式特点 101
  二、平面结构图 101
  三、样板放缝及排料图 103
  四、工艺流程图 104
  五、制作过程 104
  六、质检要求（根据《国家服装质量监督检验检测工作技术标准实施手册》部分摘录) 109

 第三节　男衬衫缝制工艺 111
  一、款式特点 111
  二、平面结构图 111
  三、样板放缝及排料图 113
  四、工艺流程图 114
  五、制作过程 114
  六、质检要求（根据《国家服装质量监督检验检测工作技术标准实施手册》部分摘录) 119

 第四节　男休闲西裤（简做）缝制工艺 120
  一、款式特点 120
  二、平面结构图 120
  三、样板放缝及排料图 122
  四、工艺流程图 122
  五、制作过程 123
  六、质检要求（根据《国家服装质量监督检验检测工作技术标准实施手册》部分摘录) 127

 本章小结 129
 思考题 129
 作业题 129

参考文献 130

基础理论——

服装缝制基础知识

> **课题名称：** 服装缝制基础知识
> **课题内容：** 1. 常用服装缝制工具及设备
> 2. 常用服装面料及辅料
> 3. 常用服装工艺名词术语及缝制符号
> 4. 服装原料检验整理及排料基础知识
> **学习目的：** 了解常见的服装缝制工具，熟悉服装的面辅料及排料等方面的基础知识。了解制图与缝制的常用术语。
> **课题重点：** 1. 服装面辅料的性能及保养知识。
> 2. 服装缝制中的常用符号。
> 3. 服装原料检验整理及排料基础知识。

第一章　服装缝制基础知识

第一节　常用服装缝制工具及设备

在服装缝制的过程中，为使成品效果良好，会使用到各种各样的工具及设备，每种工具及设备都有各自的用途，以下展示常用的服装度量工具、标记工具、裁剪缝制工具、缝制设备及整型工具的名称、外观及用途。

一、度量工具（图1-1）

（1）三角尺：用于样板中垂直线条等的绘制。

（2）曲线尺：用于样板中弧线绘制，如袖窿弧线、领窝线等。

（3）软尺：常用于人体测量以及服装成品测量等。

（4）推板尺：用于直线和平行线的绘制，常用于推板。

二、标记工具（图1-2）

（1）记号笔：用于对样板中需要标记的地方做记号以及线条等的绘制。

（2）划粉：常用于描绘净样缝印，色彩种类较多。

（3）滚轮：用于转移作图纸样或复印纸上拓印。

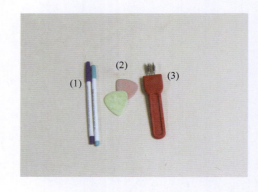

图1-2

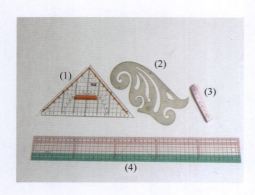

图1-1

三、裁剪缝制工具（图1-3）

（1）剪刀：常用服装裁剪工具，对面料等进行裁剪。

（2）纱剪：用于修剪线头等。

（3）大头针：用于别住面料整型或固定。

（4）针插：插大头针的工具。

（5）顶针：手工缝制的辅助工具，在缝制时顶住针尾以利于手工针顺利穿刺。

（6）手工针：手工缝制的基本工具。

（7）镊子：用于穿线以及串珠等。

（8）拆线器：用于缝线的拆除。

（9）锥子：用于服装边角部位整理或穿刺定位。

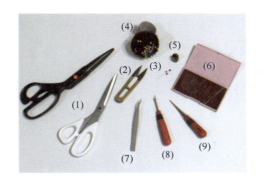

图1-3

四、缝制设备

（1）工业平缝机：服装工业生产中最普遍的缝制设备，用于各种面料的缝合。如图1-4。

图1-4

（2）包缝机：用于面料边缘包缝。如图1-5。

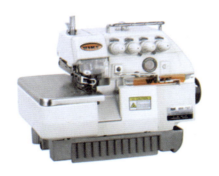

图1-5

（3）家用缝纫机：家庭使用的缝纫机，操作简单，转速适当。如图1-6。

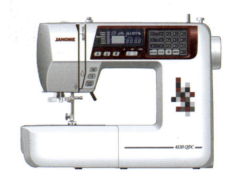

图1-6

（4）锁眼机：用于服装锁扣眼。如图1-7。

图1-7

（5）钉扣机：用于钉纽扣。如图1-8。

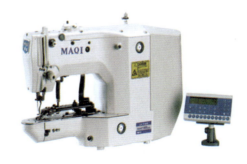

图1-8

（6）裁剪台：进行铺料、裁剪的工作台。如图1-9。

图1-9

五、整型工具

（1）熨斗：是熨烫的主要工具，可分为普通电熨斗、调温熨斗、蒸汽熨斗。如图1-10

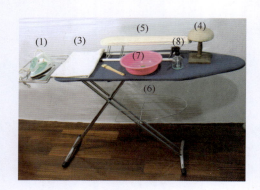

图1-10

（2）熨烫台：熨烫时使用的整理台。如图1-11。

（3）熨烫垫布（水布）：熨烫时覆盖在衣物表面以防烫脏或减少极光。

（4）整烫馒头：熨烫时用它垫在服装的胸部或臀部等丰满部位，以使该部位烫后立体。

（5）烫袖板：用于熨烫袖子、裤腿等狭窄部位。

（6）烫衣板：主要为家庭方便烫台。

（7）刷子和水盆：熨烫中局部给湿工具，多用于分缝烫和小部件熨烫。

（8）喷水壶：矫正布料或大面积喷水时使用。

（9）人台：用于服装立体裁剪或制作过程中对服装整型。如图1-12。

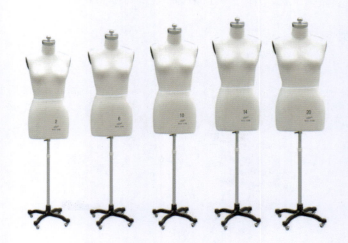

图1-12

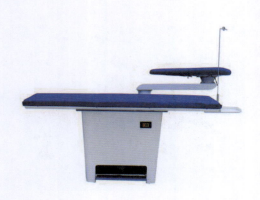

图1-11

第二节　常用服装面料及辅料

一、服装面料

（一）天然纤维织物

1. 棉织物

棉织物具有吸湿透气、穿着舒适、风格朴素的特点，但是一般易起皱，弹性较差，不耐磨，易生霉。棉纤维与各种化学纤维混纺的织物，可以提高织物的防皱性，改善织物弹性。棉织物又可分为棉平纹织物、棉斜纹织物、棉缎纹织物以及彩色棉织物等。如图1-13。

图1-14

图1-13

2. 麻织物

麻织物具有吸湿散湿快、透气散热性好、断裂强度高、断裂伸长小等特点。主要分为苎麻织物、大麻织物、罗布麻织物及亚麻织物等，具有天然及回归自然的风格。如图1-14。

3. 丝织物

丝织物主要是指利用天然蚕丝织成的各种织物，品种及规格变化丰富，如绸、缎、纺、纱、绢、锦、绫、罗等。丝织物富有光泽，具有独特的丝鸣感，手感爽滑，穿着舒适，高雅华丽，属于纺织品中的高档面料。如图1-15。

图1-15

4. 毛织物

毛织物是纺织品中的高档产品。由于羊毛具有独特的纤维结构，毛织物光泽自然，颜色雅致，手感舒适，品种丰富，保暖性、吸湿性、耐污性、弹性、恢复性等优良，应用非常广泛。分为精纺织物、粗纺织物和长毛绒。如图1-16。

图1-16

（二）化学纤维织物

化学纤维是指用天然的或合成的聚合物为原料，经过化学方法和机械加工制成的纤维。根据原料的不同，化学纤维可分为再生纤维和合成纤维两大类。

再生纤维也叫人造纤维，是采用天然聚合物或是没有纺织加工价值的天然纤维原料，经人工溶解再抽丝制成的纤维。其性能与天然纤维非常近似，透气性能良好，吸湿，穿着舒适，但缺少天然纤维的挺括感，回弹性差，易起皱，易缩水。如人造棉、人造丝等。如图1-17。

图1-17

合成纤维是用煤、天然气、石油等制成的低分子化合物为原料，经过人工合成和机械加工制成的纤维，常见的有涤纶、腈纶、锦纶、氨纶等。合成纤维质地坚固、抗皱，但透气性和吸湿性差。如图1-18。

图1-18

二、服装辅料

（一）服装里料

服装里料是用来部分覆盖服装里面的材料，俗称里子，一般用于中高档服装、有填充料的服装和需要加强面料支撑的服装。面料不同、档次不同、服装风格不同，选择的里料也不同。里料可以使服装提高档次并获得好的保型性，使服装穿着舒适，穿脱方便，并且能够保护服装面料，减少面料与内衣之间的摩擦并增加服装的保暖性。里料也分天然纤维里料、合成纤维里料、混纺交织里料等。在选用里料时要注意其服用性能、颜色、成本等与服装面料款式匹配。如图1-19。

图1-19

（二）服装衬料

服装衬料是指用于面料和里料之间，在服装某一局部（衣领、袖口、袋口、裤腰、西服胸部、肩部等）所加贴的衬布。衬料是服装的骨骼，起着支撑、拉紧定型的功能。选用衬料时，必须要配合服装品种、工艺流程、面料特性和穿用习惯来选择。

1. 黏合衬

黏合衬是在织物底布涂覆热熔胶，使用时，将黏合衬裁成需要的形状，然后将其涂有热熔胶的一面与面料反面相叠，通过热熔合机或熨斗加热，以一定的温度、压力、时间完成黏合衬与面料的黏合，称为黏衬。其能够"以黏代缝"的基本特点，大大提高服装的加工效率。经黏合的面料具有良好的保型性、挺括性、悬垂性、抗皱性、稳定性，使服装美观、舒适、平整、稳固，并增加穿着耐用牢度。目前是服装生产中的主要衬料。如图1-20。

袖口、门襟以及作为领带衬、腰衬、西服牵条衬等，起到挺括、补强的作用。如图1-22。

图1-20

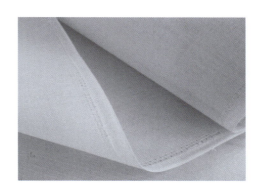

图1-22

2. 毛衬

是一种传统衬布，以细支棉或混纺纱线为经纱，以动物纤维或毛混纺纱为原料加工成基布，经过各种特殊加工而成。包括有黑炭衬、马尾衬等。毛衬质感较粗涩，硬挺性好，弹性突出，主要用于西服、大衣等外衣前身、肩部、袖窿等部位，使服装加毛衬部位挺括，能提升服装丰满感和穿着舒适感。如图1-21。

4. 非织造布衬

是采用非织造布为基布，进行黏合涂层加工或树脂整理等特殊加工工艺处理而成的衬布。除具有一般衬布的性能外，还具有透气性、保型性、回弹性以及保暖性良好，重量轻，洗涤后不回缩，切口不散脱，价格低廉等优点，多用于一般服装，如夹克衫、女套衫等，不适用于特别强调硬挺性的服装和特别需要加固部位。如图1-23。

图1-21

图1-23

3. 树脂衬

是以纯棉、涤纶混纺、麻和化纤等薄型织物为主体，经过树脂整理而制成的衬布，稳定性、硬挺性和弹性均较好，成本低，多用于男女衬衫的领、

（三）缝纫线

缝纫线的种类很多，可用于不同材质和颜色的布料，满足服装不同部位和不同制作工艺的需要。

在选择缝纫线时，要与服装款式颜色、厚度、材质相匹配，要充分考虑服装的实际用途、穿着环境和保养方式。如图1-24。

图1-24

1. **天然纤维缝纫线**

包括棉缝纫线、丝缝纫线等。棉缝纫线强度、尺寸稳定性好，耐热性优良，但弹性和耐磨性较差，适用于中高档棉制品等。丝缝纫线光泽好，手感柔软，耐热性好，强度、弹性都优于棉缝纫线，多用于高档服装和丝绸服装，但价格高，易磨损，目前已逐渐被涤纶长丝缝纫线替代。

2. **化纤缝纫线**

包括涤纶缝纫线、锦纶缝纫线等。涤纶缝纫线具有强度高，耐磨性好，缩水率低，吸湿性及耐热性、耐腐蚀性好，色泽齐全，色牢度好，不褪色，不变色，价格低廉，适用性广等优点，在缝纫线中占主导地位。锦纶缝纫线耐磨性好，强度高，色泽亮，弹性好，耐热性稍差，通常用于较结实的织物，不用于高速缝纫和需高温整烫的织物。

3. **混纺缝纫线**

以涤棉混纺缝纫线和包芯缝纫线为主，是当前规格较多、适用范围较广的一类缝纫线。涤棉混纺缝纫线是用65%的涤纶短纤维与35%的优质棉混纺而成，强度、耐磨性、耐热性都较好，线质柔软有弹性，适用于各类织物的缝制与包缝。包芯缝纫线是合成纤维长丝（多是涤纶）作为芯线，以天然纤维（通常是棉）作包覆纱纺制而成，弹力高、线质好，兼具棉与涤的双重特性，适用于高档服装及中厚型织物的高速缝纫。

4. **装饰缝纫线**

装饰缝纫线多用于服装上强调造型和线条，真丝装饰缝纫线色彩艳丽，色泽优雅柔和。人造丝装饰缝纫线由黏胶纤维制成，光泽及手感均不错，但强力上稍逊真丝装饰缝纫线。金银装饰缝纫线装饰效果强，多用于中式服装及时装的明线和局部图案装饰。

（四）其他辅料

服装上的其他辅料包括垫料、填絮料以及紧扣材料等，这些辅料对服装的功能性和美观性起到不可替代的作用。在选用这些辅料时，要根据服装的款式、色彩、面料性能、适用场合、适用人群等各方面因素综合考虑。

1. **垫料**

垫料指为满足服装特定的造型和修饰人体的目的，对特定部位按照设计要求进行加高、加厚或平整，或用以起隔离、加固等修饰作用，使服装达到合体、挺拔、美观效果，并可以弥补体型缺陷。如肩垫、胸垫、领垫、袖顶棉等。如图1-25。

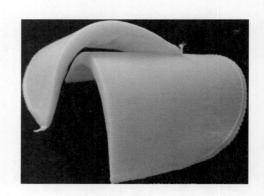

图1-25

2. **填絮料**

填絮料指在服装面料与里料之间的填充材料，如棉絮、丝绵、羽绒、塑料、太空棉等，可以增加服装的保暖性和保型性。此外还可以赋予服装一些特殊功能，如作为衬里增加绣花或绢花的立体感。

如图1-26、图1-27。

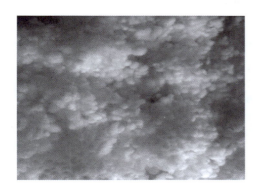

图1-26

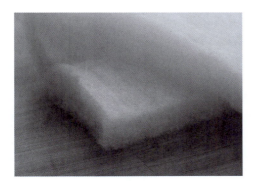

图1-27

图1-28

图1-29

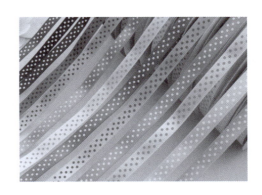

图1-30

3. 紧扣材料

紧扣材料，如纽扣、拉链、尼龙搭扣、绳带等，在服装中起到封闭、扣紧、连接、装饰作用，具有重要的实用功能和装饰功能。如图1-28～图1-30。

第三节　常用服装工艺名词术语及缝制符号

服装工艺名词术语是在长期的服装制作过程中流传下来特定的名词术语，是经过约定俗成形成的规范性语言。在服装生产中，使用标准的服装术语有利于沟通、交流、传承、管理和发展。以下为部分摘录GB/T 15557—2008中有关服装制图及缝制工艺的术语及符号。

一、常用服装制图及缝制符号（表1-1）

表1-1 常用服装制图及缝制符号

序号	名称	表现形式	用途
1	粗实线	———————	服装及零部件轮廓线
2	细实线	———————	图样结构的基本线、尺寸线、尺寸界线或引出线
3	虚线	- - - - - - -	背影轮廓影示线、缝纫明线
4	点划线	—·—·—·—	对折折叠线
5	双点划线	—··—··—··	某部分需要折转的线
6	等分线	⌒⌒	表示某部位平均等分
7	直角	⌐ ⌐ ⌐	表示相交的两条直线呈直角
8	拼合	▭●●	表示两个部分在裁片中拼合在一起
9	缩缝	～～～～	用于布料缝合时收缩
10	省道	◇ ▷	表示省道的位置
11	归拢	⌒⌒⌒	表示需熨烫归缩的部位
12	拔开	⋀⋀⋀	表示需熨烫抻开的部位
13	拉链	⊓⊔⊓⊔	表示拉链
14	花边	⌒⌒⌒⌒	表示装有花边的位置
15	经向	←——→	表示布料直丝缕方向
16	褶裥	⫽⫽ ⋘	表示褶裥
17	等量	□ ○ ☆	表示大小长度相等
18	等长	⋗ ⋖	表示两线段长度相等
19	毛向	——→	绒毛或图案的顺向
20	扣眼位	├──┤	锁扣眼的位置
21	扣位	⊕	钉纽扣的位置

二、常用服装术语

(一)常用服装概念术语(表1-2)

表1-2 常用服装概念术语

序号	名称	用途
1	验色差	检查原、辅料色泽级差,按色泽级差归类
2	查疵点	检查原、辅料疵点
3	划样	用样板或漏划板按不同规格在原料上划出衣片裁剪线条
4	排料	在裁剪过程中,对布料如何使用及用料的多少所进行的有计划的工艺操作
5	铺料	按照排料的要求(如长度、层数等),把布料平铺在裁床上
6	钻眼	亦称为扎眼,用电钻在裁片上做出缝制标记
7	配零料	配齐一件衣服的零部件材料
8	验片	检查裁片质量
9	换片	调换不符合质量要求的裁片
10	分片	将裁片分开整理,即按序号配齐或按部件的种类配齐
11	缝合、合、缉	均指用缝纫机缝合两层或以上的裁片,俗称缉缝、缉线。为使用方便,一般将"缝合""合"称为暗缝,即在成品正面无线迹,"合"则是缝合的缩略词;"缉"为明缝,即在成品正面有整齐的线迹
12	缝份	俗称缝头,指两层裁片缝合后被缝住的余份
13	缝口	两层裁片缝合后正面所呈现出的痕迹
14	绱	亦称装,指部件安装到主件上的缝合过程,如绱(装)领、绱袖、绱腰头;安装辅件也称为绱或装,如绱拉链、绱松紧带等
15	打刀口	亦称打剪口、打眼刀、剪切口,"打"即剪的意思。如在绱袖、绱领等工艺中,为使袖、领与衣片吻合准确,而在规定的裁片边缘剪0.3cm深的小三角缺口作为定位标记
16	包缝	亦称锁边、拷边、码边,指用包缝线迹将裁片毛边包光,使织物纱线不易脱散
17	针迹	指缝针刺穿缝料时,在缝料上形成的针眼痕迹
18	线迹	指缝制物上两个相邻针眼之间的缝线形式
19	缝型	指缝纫机缝合衣片的不同方法
20	缝迹密度	指在规定单位长度内的线迹数,也称针距密度。一般单位长度为2cm或3cm

(二)常用服装缝制术语(表1-3)

表1-3 常用服装缝制术语

序号	名称	用途
1	烫原料	熨烫原料褶皱
2	绱袖衩	将袖衩边与袖口贴边缲牢固定
3	打线丁	用白棉纱结在裁片上做出缝制标记,一般用于毛呢服装上的缝制标志
4	修片	按标准样板修剪毛坯裁片

续表

序号	名称	用途
5	环缝	将毛呢服装剪开的省缝用环形针法绕缝，以防纱线脱散
6	烫衬	熨烫衬料，使之与面料相吻合
7	缉衬	机缉前衣身衬布
8	敷胸	在前衣片上敷胸衬，使衣片与衬布贴合一致，且衣片布纹处于平衡状态
9	纳驳头	亦称扎驳头，用手工或机器扎驳头
10	归拔前衣片	亦称为推门，将平面前衣片推烫成立体形态的衣片
11	绱领	将领缝装在领窝处
12	分烫领串口	将领串口缉缝分开熨烫
13	敷牵条	将牵条布敷在止口或驳口部位
14	缉袋嵌线	将口袋嵌线料缉在开袋位置两侧
15	开袋口	将已缉袋嵌线的袋口中间部分剪开
16	封袋口	袋口两端机缉倒回针封口，也可用套结机进行封结
17	敷挂面	将挂面敷在前衣片止口部位
18	合止口	将衣片和挂面在门里襟止口处机缉缝合
19	扳止口	将止口毛边与前身衬布用斜针扳牢
20	合背缝	将背缝机缉缝合
21	扣烫底边	将底边折光或折转熨烫
22	装垫肩	将垫肩装在袖窿肩头部位
23	定眼位	按衣服长度和造型要求划准扣眼位置
24	锁扣眼	将扣眼毛边用粗丝线锁光。一般有机器锁眼和手工锁眼
25	翻小襻	小襻的面、里布缝合后将正面翻出
26	缲袖窿	先将袖窿里布固定在袖窿上，再将袖子里布固定在袖窿里布上
27	镶边	将镶边料按一定宽度和形状缝合安装在衣片边沿上
28	缉明线	机缉或手工缉缝于服装表面的线迹
29	绱拉链	将拉链装在门里襟或侧缝等部位
30	绱袖衩条	将袖衩条装在袖片衩位上
31	封袖衩	在袖衩上端的里侧机缉封牢
32	绱腰头	将腰头安装在裤片腰口处
33	绱串带	将串带装缝在腰头上
34	封小裆	将小裆开口机缉或手工封口，增加前门襟开口的牢度
35	抽碎褶	用缝线抽缩成不规则的细褶
36	手针工艺	应用手针缝合衣料的各种工艺形式
37	吃势	亦称层势，吃指缝合时使衣片缩短，吃势指缩短的程度。吃势分为两种：一是两衣片原来长度一致，缝合时因操作不当，造成一片长、一片短（即短片有吃势），这是应避免的缝纫弊病；二是将两片长短略有差异的衣片有意地将长衣片某个部位缩进一定尺寸，从而达到预期的造型效果。例如，圆装袖的袖山有吃势可使袖山顶部丰满圆润。部件面的角端有吃势可使部件面的止口外吐，从正面看不到里料，还可使表面形成自然的窝势，不反翘，如袋盖圆角、领面领角等处

续表

序号	名称	用途
38	里外匀	亦称里外容，指由于部件或部位的外层松、里层紧而形成的窝服形态。其缝制加工的过程称为里外匀工艺，如勾缝袋盖、驳头、领等，都需要采用里外匀工艺
39	修剪止口	指将缝合后的止口缝份剪窄，有修双边和修单边两种方法。其中修单边亦可称为修阶梯状，即两缝份宽窄不一致，一般缝份宽的为0.7cm、窄的为0.4cm，质地疏松的面料缝可再增加0.2cm左右
40	归	归是归拢之意，指将长度缩短的工艺，一般有归缝和归烫两种方法。裁片被烫的部位，靠近边缘处出现弧形绺，被称为余势
41	拔	拔是拔长、拔开之意，指使平面拉长或拉宽。例如，后背肩胛处的拔长、裤子的拔裆、臀部的拔宽等，都可以采用拔烫的方法
42	推	推是归或拔的继续，指将裁片归的余势、拔的回势推向人体相对应凸起或凹进的位置
43	起壳	指面料与衬料不贴合，出现剥离、起泡现象，即里外层不相融
44	极光	熨烫时裁片或成衣下面的垫布太硬或无垫布盖烫而产生的亮光
45	止口反吐	指将两层裁片缝合半翻出后里层止口超出面层止口
46	起吊	指使衣缝皱缩、上提或成品上衣面、里不符，里子偏短引起的衣面上吊、不平服
47	胖势	亦称凸势，指服装应凸出的部位胖出，使之圆润、饱满。如上衣的胸部、裤子的臀部等，都需要有适当的胖势
48	胁势	亦称吸势、凹势，指服装应凹进的部位吸进。如西装上衣腰围处、裤子后裆以下的大腿根部位等，都需要有适当的胁势
49	翘势	主要指小肩宽外端略向上翘
50	窝势	多指部件或部位由于采用里外匀工艺，呈现正面略凸、反面凹进的形态。与之相反的形态称反翘，是缝制工艺中的弊病
51	水花印	指盖水布熨烫不匀或喷水不匀，出现水渍
52	定型	指使裁片或成衣形态具有一定的稳定性的工艺过程
53	起烫	指消除极光的一种熨烫技法。需在有极光处盖水布，用高温熨斗快速轻轻熨烫，趁水分未干时揭去水布自然晾干

第四节 服装原料检验整理及排料基础知识

一、面里料检验整理基础知识

在服装裁剪排料前，首先要进行面里料的检查及整理，以确保是否正确。对于普通面料，主要检查其颜色、花型、质地，注意是否有色差，是否对条、对格、对花，是否有明显疵点等；对于里料，主要检查颜色、质地，是否有褶皱等明显疵点等。

原料的色差、疵点、纬斜可以通过目测检验发现并在裁剪中避开。而原料的缩水率、耐热度和色牢度需要实验来加以完成。缩水率可以通过自然缩率、干烫缩率、喷水缩率和水浸缩率来计算。色牢度可以通过摩擦、熨烫、水洗来测试，而耐热度则通过熨烫来测试。

二、服装排料基础知识

（一）排料的概念及意义

1. 排料的概念

服装的排料指在裁剪中如何有计划进行服装面料应用的工艺操作。

2. 排料的意义

根据不同的排料方式，能够最大限度地减少服装面料在裁剪过程中的消耗以及决定裁剪的难易程度，对降低服装工业化生产的成本具有很大的作用。

（二）排料的方法

排料的方法有很多，现在一般有手工排料、计算机CAD辅助系统排料及漏花样（用涤纶片制成的排料图）粉刷工艺画样排料。在排料前，首先要对服装的设计要求、制作工艺、材料性能等有详细的了解，以决定排料的方法。具体排料要求如下：

1. 面料的正反

大部分服装面料有正反之分，根据设计图的不同，采用面料正面或反面作为服装的表面。同时服装的衣片许多都具有对称性，因此必须注意保证排料时裁片正反的一致性和对称性。

2. 面料的方向

面料具有方向性主要表现在以下三个方面：

（1）面料的方向性：面料的方向性指其经、纬方向。平行于布边的长度方向称为经向（直丝），垂直于布边的长度方向称为纬向（横丝），与经纬向成45°的方向称为斜向（斜丝）。面料的经向与纬向的张力是不同的，一般经向张力小于纬向张力，呈现出不同的性能：经向抗拉伸强度大，不易伸长变形；纬向有较大的伸缩性，富有弹性，易弯曲延伸；斜向具有伸缩性大、富有弹性、易弯曲延展等特性。在服装制作中，应根据相应的要求注意用料的纱向，在样板上需要明确画出经纱的方向，使排料时与面料的经纱方向一致。

一般情况下，经向用在服装的长度方向如衣长、裤长、袖长，需要承受较大拉伸强度的带状部件如腰带、吊带，需要较好的形态稳定性的部位如袋口的贴边及挖袋的嵌条等。纬向用在具有一定柔软性如翻领、袋盖等部位。斜向用在具有较好悬垂性如裙片，具有拉伸变形性如镶边、包边、滚边等部位。

（2）面料的绒毛倒向：有的面料表面有绒毛，其绒毛长度、倒伏方向以及款式要求都对排料具有重要影响。对于绒毛较长，倒伏较重的人造毛皮、大衣呢等适宜采取顺毛排料，以防止漏底和积灰；对于绒毛较短的灯芯绒宜采用倒毛排料，以使服装毛色和顺；对于一些绒毛倒向不明显，设计上没有明确要求的服装，可以采用一顺一倒组合排料的方式，以节约面料。但在同一件服装上，其裁片倒顺方向应该一致。

（3）面料的图案方向：面料表面的花型图案有的没有规则，没有方向性，这类面料的排料基本上跟素色面料排料方式相同。但有的面料表面的花型图案具有方向性或有规律，那么这一类面料在排料时要根据设计图以及花型的特点进行排料。如有山水、花鸟等倒顺图案的面料，必须保持图案的方向与人体直立的方向一致，不能倒顺排料。

3. 面料的对条对格

凡是面料表面有明显条格，且格的宽度在1cm以上的面料，均需要对条对格排料，具体要求如下：

（1）对条对格的部位：

①上衣对条对格：排料时，左右门里襟，前后衣片侧缝与肩缝，袖与衣片，后衣片背缝对横格，左右领角和衬衫左右袖口应对称。后领面与后中缝条对准，驳领的挂面两片条格对称，大小袖片对准横格，同件衣袖左右对称。大小袋与衣身对格（斜格除外），左右袋对称，左右袋口嵌条对称。

②裤子对条对格：裤子对格部位有侧缝、下裆缝（中裆以上）、前后上裆缝、左右腰面条格、两后袋、两前斜插袋与大身对格，且左右对称。

（2）对条对格的方法：一种是对格铺料，将要对条格的部件放置在同一纬度上，将对条对格的部位画准。另一种是裁下对格中的其中一片，另一片采用放格的方式裁下毛坯，再校准条格进行精确裁剪，此方式较为费料，一般高档服装采用此种方式。

4. 面料的对花

对花指有花型图案的面料经过加工成为服装后，其明显的主要部位组合处的花型仍要保持完整，对花的花型一般都是丝织品上较大的团花，如龙、凤及福、禄、寿字等图案。这类产品在排料时必须规划好花型的组合，在门襟、背缝、领、袖中缝等需要对花的部位计算好排料方式，具体要求如下：

（1）先主后次，主要花型图案不得颠倒残缺，以文字为先，顺向排列。花纹中有方向性的，一律顺向排列。花纹中无明显倒顺的，允许两件一倒一顺套排，但同一件服装不能有倒有顺。

（2）前身左右两衣片在胸部位置的团花、排花要求对准。

（3）两袖的排花、团花要对称，前身除胸部外的团花、排花、散花可以不对。

（4）团花和散花只对横排不对直排。

（5）对花允许误差，排花高低误差不大于2cm，团花拼接误差不大于0.5cm。

5. 面料的节约

在服装成本中，面料的使用占据非常重要的一个环节。在排料过程中，要遵循在保证设计的完整性和工艺制作的可行性的基础上，尽量减少面料用量的原则，通过反复排列找出用量最省的排料方式。一般排料的顺序如下：

（1）先主后次，先大后小，大小套排。先排主要的、大型的部件，再根据不同部位的凹凸缺口进行拼合，套排小部件。

（2）有的零部件裁片可在国标允许范围内进行拼接，以达到合理排料的目的。

本章小结

■ 本章主要学习四部分内容：常用服装缝制工具及设备、常用服装面料及辅料、常用服装缝制符号和常用服装术语、服装裁剪排料基础知识。在服装缝制过程中，需要使用各种不同的专业缝制工具，每种缝制工具的外观及用途各不相同，需要正确掌握其使用方法。常用服装面料及辅料具有不同的外观效果以及应用场合，掌握其特性对正确缝制服装有着至关重要的作用。服装缝制符号及术语是专业服装人员必备的服装基础知识，在服装行业的生产管理中起着统一规范的交流作用，也是本书的规范用语。如何裁剪及排料是服装缝制的基础知识。

思考题

1. 服装缝制中常用的缝制工具有哪些，都各自有什么样的作用？
2. 服装常用的面料分为哪些类型，有什么特性？
3. 服装常用的辅料有哪些类型？在服装中主要用在哪些地方？
4. 常用服装缝制符号和术语的作用是什么？
5. 在服装裁剪前，主要对面辅料进行什么样的检验？
6. 面料排料的方法有哪些，分别适用于哪些类型的面料？

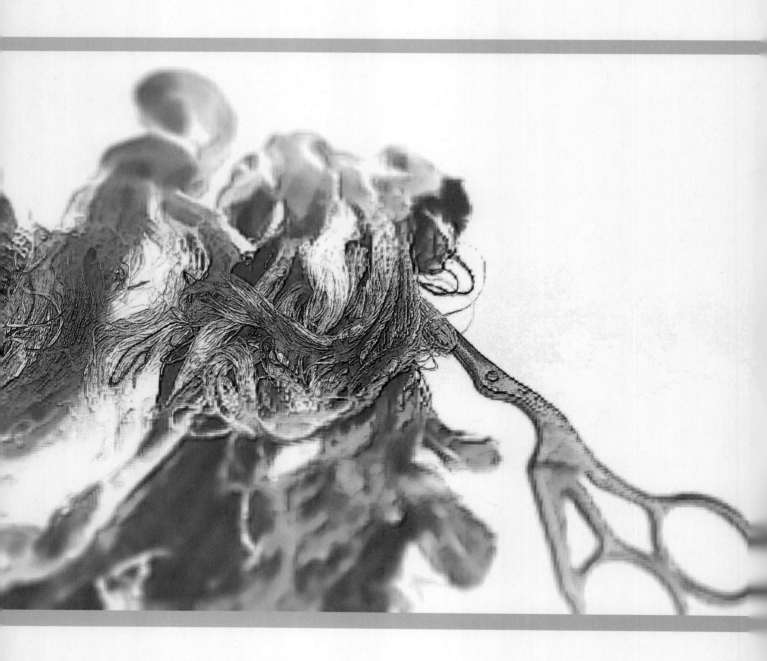

应用理论与实践——

缝制及熨烫基础工艺

课题名称： 缝制及熨烫基础工艺

课题内容： 1. 手缝基础工艺
2. 机缝基础工艺
3. 熨烫工艺

学习目的： 了解并熟练使用手工针、工业用平缝机及熨斗。熟练掌握手工缝制的基本针法，机缝的基本缝型以及熨烫的基本要素。

课题重点： 1. 手工针的使用及基本缝制技能。
2. 平缝机的使用及各种缝型的制作。
3. 熨烫的基本技能。

工具材料准备： 1. 工具：剪刀、尺子、手工针、小螺丝刀等。
2. 材料：白坯布、无纺衬、缝纫线、拉链、纽扣等。

第二章　缝制及熨烫基础工艺

第一节　手缝基础工艺

一、手缝工具的选用

在服装缝制过程中，手缝针缝制与机器机缝是互相配合使用的。常根据加工工艺和缝制材料的不同选用不同型号的手缝针。见表2-1。

表2-1　手缝针与缝纫项目配合表

号型	长度（cm）	粗细（cm）	用途
4	3.35	0.08	钉纽
5	3.2	0.08	锁、钉
6	3.05	0.071	锁、滴
7	2.9	0.061	滴
8	2.7	0.061	缲、绷
9	2.5	0.056	缲、绷

注：滴，一般指用本色线固定的暗针，只缲一二针。

二、手缝基础工艺

服装的不同部位采用不同的手工缝制方法，主要缝迹类型见表2-2。

表2-2　手缝主要缝迹类型

名称	操作方法	操作示意图	使用范围
1. 绷缝	操作时按一上一下等距离运针（正反线迹相同），将两层面料固定		是练习手针的基本功。经常用于将两层面料临时固定在一起，使之便于缝纫，针距可疏可密，但要均匀，制作完成后可拆除

续表

名称	操作方法	操作示意图	使用范围
2. 打线丁	打线丁用粗棉线，按照净样板双层绷缝面料，在划粉转折或交点部位打"十"字丁，针距应按不同部位的要求而不同。然后小心掀开上层面料断缝线，使上下两层都留有线头浮线。修剪余线，留0.2cm左右并拍倒，以免滑脱		主要用作毛料或丝绸服装衣片缝制时的上下两片的对应标记
3. 回针	操作时自右向左运针，进一针退半针。形成表面线迹前后相接的仿机器线迹，要求针距相等，紧密相连		该方法缝纫较为牢固，正面类似机缝线迹
4. 缭针	用针尖同时挑住面料反面和折边，将缝线抽拉过去，不能拉得过紧，面料只能挑住1～2根纱，针迹为斜向		适用于真丝、毛呢服装贴边的固定。操作时，要求针迹整齐，细密均匀，正面少露线迹
5. 缲针	先翻开底摆针尖挑起几根纱线，缝线不拉紧，向前0.5cm再插向衣片反面挑起几根纱线，将缝线抽拉过去		通常用于有里子的西服、大衣等的底摆固定。要求针迹上下对齐，正面少露线迹

名称	操作方法	操作示意图	使用范围
6. 三角针	从左向右运针，在衣片反面只挑几根纱线，抽拉线均匀	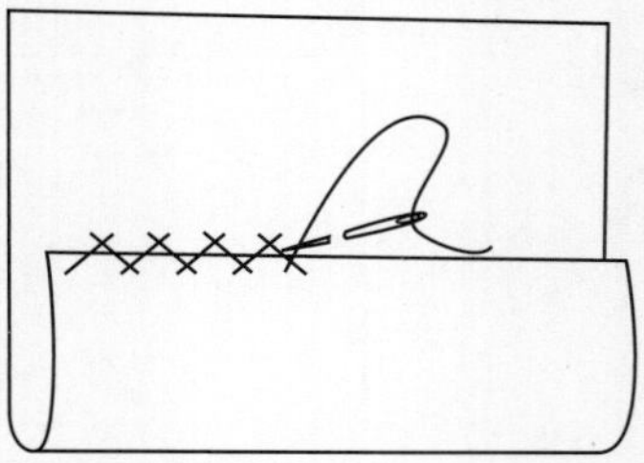	主要用于锁边后贴边的固定。要求针迹整齐，距离均匀，正面少露线迹
7. 锁扣眼（以圆头扣眼为例）	（1）定位：定位置时，应先超出搭门线0.3～0.4cm，按设计要求等距离画出印迹。扣眼大小必须一致	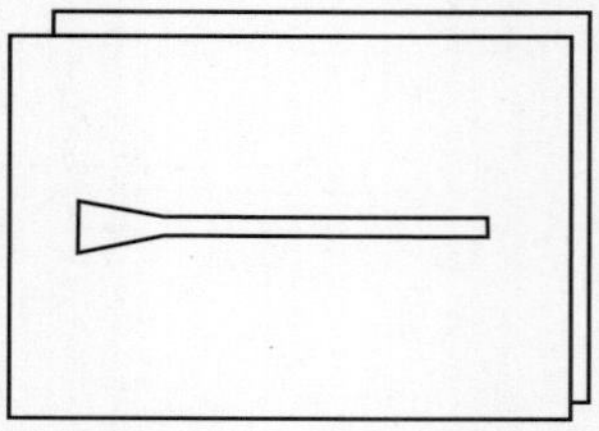	扣眼形状分为长方形（平头眼）、火柴形（圆头眼）两种。平头眼一般用在衬衫、内衣、童装上；圆头眼一般用在外衣、横向开眼的夹、呢、棉服装上。扣眼开在门襟上，习惯有"男左女右"的说法，现在界限已不很分明。扣眼的大小根据扣子的大小而定，一般应大于扣子直径0.2～0.3cm。锁扣眼要求大小一致，整齐光洁，坚牢美观
	（2）打衬托线：缝线距扣眼0.3cm，从面料反面穿刺上来，然后根据图示的1～5的顺序穿刺，线不宜抽拉得太紧，但要平直	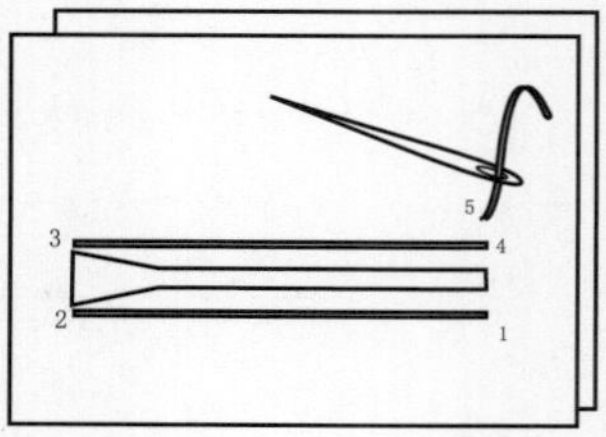	
	（3）锁眼：左手的食指和拇指捏牢扣眼左边，食指在扣眼中间处撑开，然后针从底下向衬托线外侧戳出，再将针尾引线朝左下方套住针尖下部，针向右上角45°方向抽拉，形成第一个锁眼针迹。以同样方法，密锁针口至圆头处	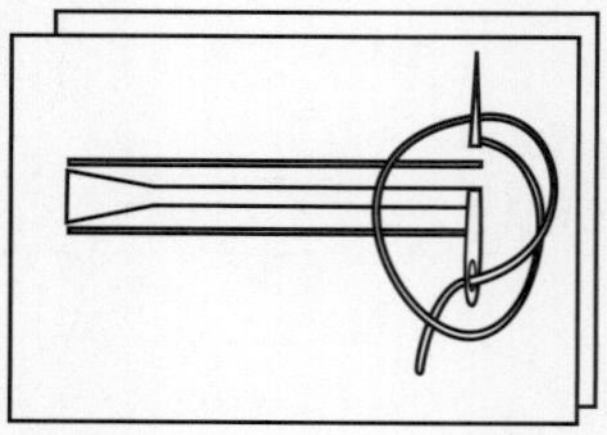 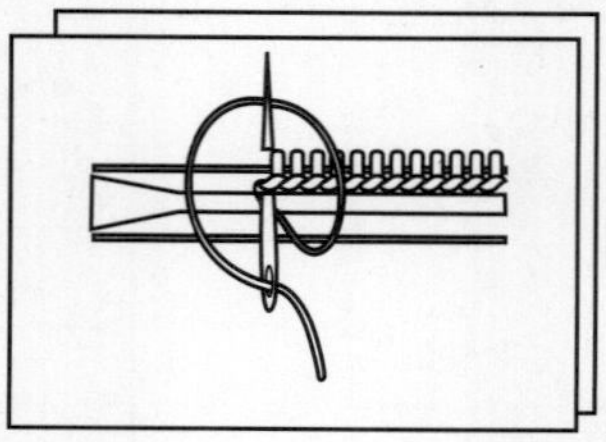	
	（4）锁圆头：与锁眼针法相同，只是每针抽拉方向都要经过圆心	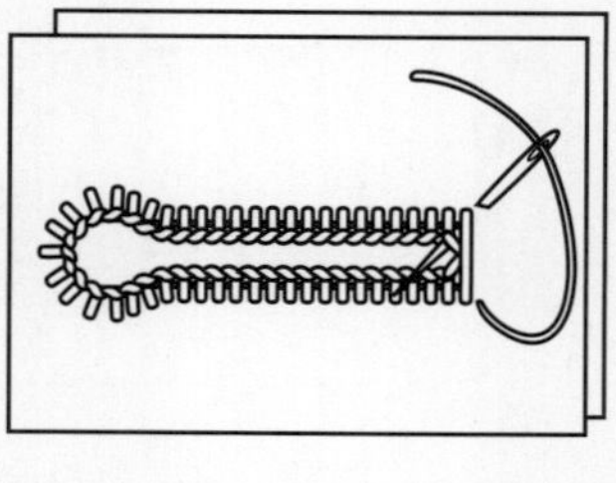	

续表

名称	操作方法	操作示意图	使用范围
	（5）尾端封口：连穿两针平行封线，再从中间空隙中穿过，戳向反面打结，线结藏于暗处，拉入夹层中（为牢固也可在封线中间锁两针，然后打结），如图所示	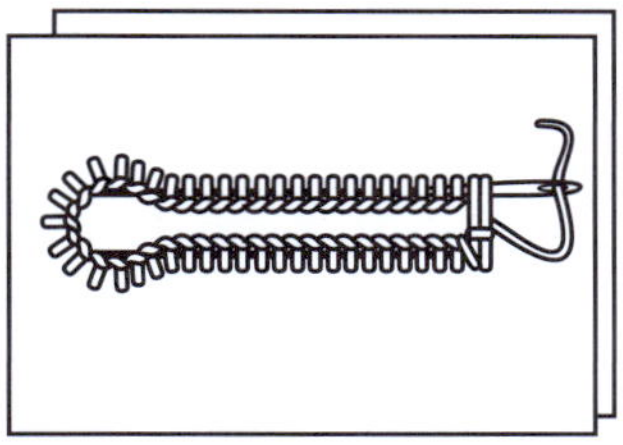 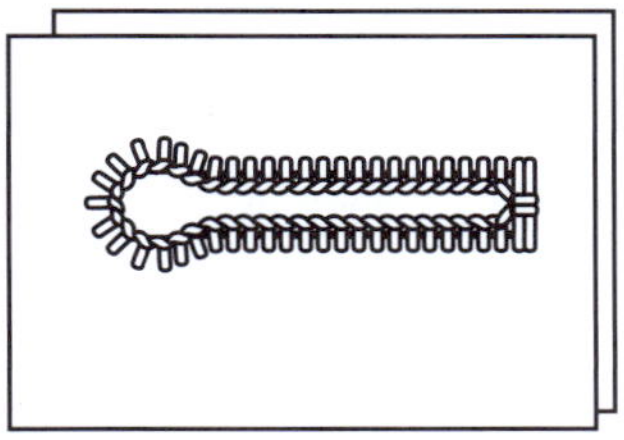	
8. 打套结	（1）衬线：第一针从反面戳出，线结在反面，在开衩顶端横缝四行衬线，线尽量靠近	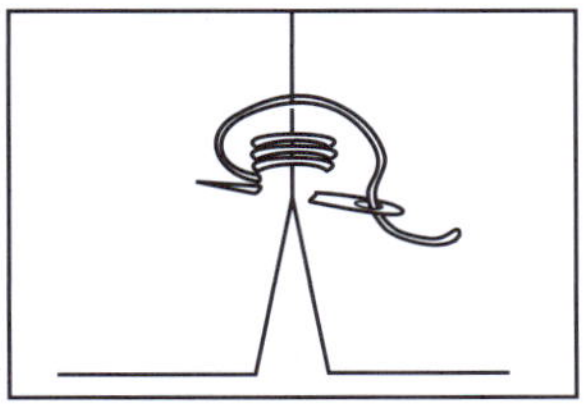	主要用于中式服装摆缝开衩处，插袋口两端，裤袋口、门里襟封口等部位。套结既起到装饰作用又增加牢度
	（2）套入：同锁针，每针缝牢衬线下的布面，锁紧密且排列整齐。线不宜抽拉得太紧，拉力均匀，锁满后反面打结，同锁扣眼	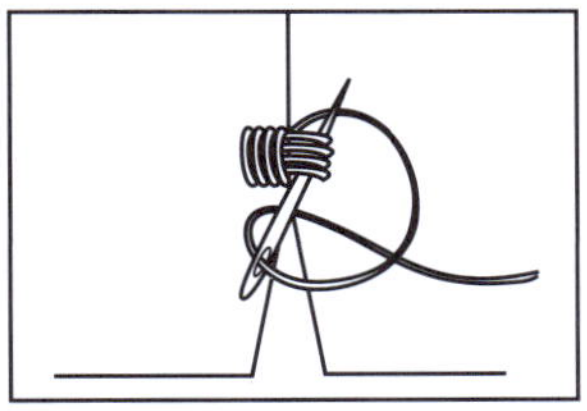	
9. 钉纽扣	缝线先从衣片正面穿刺下去，再从面料反面穿刺上来通过纽扣孔。四孔纽扣可钉成"＝"或"×"型。通常每对孔两上两下，然后将纽扣拉离布面0.3cm，自上而下缠绕纽脚数圈直到布面，再将线引到反面打结，并将结头抽入夹层内	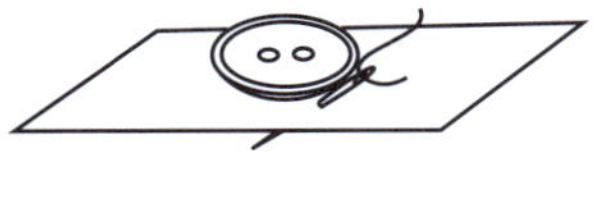  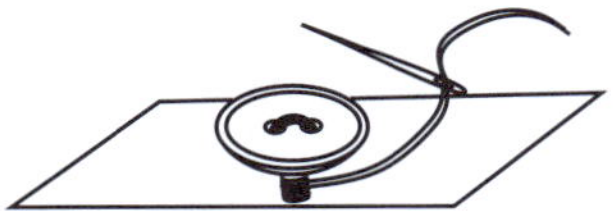 	纽扣在服装上分为实用扣和装饰扣两种。实用扣要与扣眼相吻合，钉时需要放出适当松度以缠绕纽脚。装饰扣则不与扣眼发生关系，在钉扣时要拉紧钉牢

第二节 机缝基础工艺

一、机缝前的准备

（一）机针的选择、安装及针距的调节

工业平缝机机针一侧扁平，一侧有线槽，将有线槽的一侧朝向自身左手方向，针杆顶到底，拧紧螺丝。由于缝制的面料有厚薄及不同性能，所以机针粗细和针距大小需要根据实际情况进行调整。一般缝制轻薄面料，机针较细，针距较小；缝制厚重面料，机针较粗，针距较大。见表2-3。

表2-3 常用面料机针和针距配置

面　　料	针　　号	针距（针/3cm）
丝绸织物等轻薄面料	9～11	14～16
平布、薄型毛织物等普通面料	14	12～14
厚牛仔布、厚帆布、中厚型毛织物	16～18	10～12

（二）缝纫线的选择及安装

1. 缝纫线的选择

缝纫线是服装主要辅料之一，其颜色、质地及性能的选择应与服装面料相一致。不同针号对应的机针也应该不同，针号越小，缝纫线越细，反之则越粗。缝纫线应该具有一定的强度及光滑度，捻度适中，无接头和粗节。

2. 缝纫线的安装（图2-1）

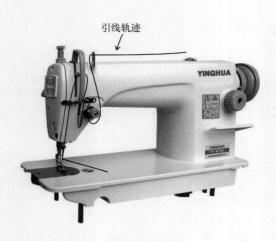

图2-1

（三）梭芯及梭壳的选择及安装

梭芯需要倒线，倒线应平整，松紧一致，防止过满。将梭芯装入梭壳，从弹簧片下拉出线头。梭壳缺口朝上，装入机器转轴上，推入直至听到咔的一声才能到位。取出时要抬起梭壳门闩取出。如图2-2。

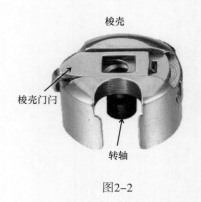

图2-2

（四）面、底线张力的调节

面线的张力是通过夹线器调节，底线的张力则通过梭壳螺钉调节。根据用料的厚薄和粗细缝纫线

调整张力，以便底、面线张力平衡，松紧适中，保证线迹整齐、紧密、坚牢、美观。调整时用小螺丝刀微调梭壳螺钉，当拉住线头，梭壳能匀速下落时表示张力适中，面线则需要根据底线作调整。边试缝边观察线迹，边调整夹线螺母的松紧，使底、面线交接点在缝线中间，松紧适当。

二、上机操作

（一）空车操作

在纸上分别画出直线、弧线、几何形线及平行线，然后按线印进行练习。要求：针孔扎在线印上，不能偏离，尽量少停车，转角处，使针留在针板的容针孔中，再抬起压脚转动纸片，对准接着要缝的方向，待动作熟练之后，再要求速度。

（二）缉布操作

1. 起针、落针、倒回针

机缝前将底线勾起，和面线一起绕到压脚右前方。抬起压脚，放入布料，确定好缝头，开始机缝。起止点回针是机缝中的重要一环，要求在指定位置起止回针。此时要注意脚后跟的用力，在起落针的停顿上要干净利落，不多不少。机缝结束后打好回针，然后将缝纫线拉到压脚左前方，将缝纫线剪断。见图2-3。

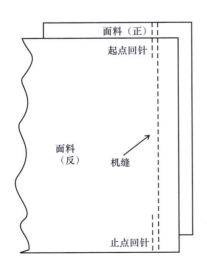

图2-3

2. 双层面料机缝

机缝时，由手控制面料运行的方向以及对面料平服的整理。缝两层或多层布料时，双手都放在缝件上，左手按住上层缝料稍向前推，右手拇指放在最下面，其余四指放在夹层中，捏住下层缝料稍向后拉，不要太过用力。

（1）相同长度面料机缝

取两段长约40cm，宽约5cm的坯布，将两段面料对齐进行缝合，缝头1cm。要求送布均匀，缝制完成后长短一致，无皱缩。

（2）不同长度面料机缝

取两段宽约5cm的坯布，长约40cm左右，其中一段比另一段短1cm。将两段布料头尾对齐进行缝合，注意在面料中部打上对位剪口。可将面料较长的一段放在下层，根据机缝时下层自然皱缩的原理进行缝制，也可将面料较长的一段放在上层，用锥子推送，要求缩缝均匀。

三、机缝基础缝型

（一）线迹

1. 线迹的基本概念

线迹指采用不同机器缝制时，一根或一根以上的缝线采用自链、互链、交织等方式在缝料表面或穿过缝料所形成的一个单元。

2. 线迹的分类

在国际标准ISO 4915中，线迹类型分为6大类88种。

（1）100类——单线链式线迹，由一根或一根以上针线自链形成的线迹，共7种。

（2）200类——仿手工线迹，起源于手工缝纫的线迹，由一根缝线穿过缝料将之固定，共13种。

（3）300类——锁式线迹，由一组缝线的线环穿入缝料后与另一组缝线交织而形成的线迹，共27种。

（4）400类——多线链式线迹，一组缝线的线环穿入缝料后与另一组缝线互链形成的线迹，共17种。

(5)500类——包边链式线迹，一组或一组以上缝线以自链或互链方式形成的线迹，至少一组缝线的线环包绕缝料边缘，一组缝线的线环穿入缝料以后，与一组或一组以上缝线的线环互链，共15种。

(6)600类——覆盖链式线迹，由两组以上的缝线互链，并且其中两组缝线将缝料上、下覆盖的线迹，共9种。

(二)缝型

1. 缝型的基本概念

缝型指一系列线迹与一定数量的缝料相结合的形式。缝型对缝制品的外观和强度具有决定性的意义。

2. 缝型的分类

根据国际标准ISO 4916，缝型标号由一个五位阿拉伯数字组成。第一位数字表示缝型的分类，第二、第三位数字表示排列的形态，第四、第五位数字表示缝针穿刺部位和形式，有时也表示缝料位置的排列关系。在第一位表示缝型的数字中，根据所缝合的布片数量和配置方式，将缝型分为八类，其中按布片布边缝合时的位置分为"有边限"和"无边限"两种，缝迹直接配置其上的布边成为有限边，远离缝迹的布边称为无限边。

(1)第一类：由至少两层缝料组成，其有限布边均位于缝料的同侧，包括两侧都为有限布边的缝料。

(2)第二类：由至少两层缝料组成，两层缝料均各有一条有限布边各处对应一侧，两层缝料相对配置并互相重叠。另外的缝料有限边则可以随意位于一侧。

(3)第三类：由至少两层缝料组成，其中一层缝料有一侧有限边，另一层缝料有两条有限边，并把第一层缝料的有限边包裹其中，另外的缝料则类似第一层或第二层缝料。

(4)第四类：由至少两层缝料组成，其两层缝料有限边各处一侧，两层缝料处于同一平面上，另外的缝料有限边则可随意位于一侧。

(5)第五类：由至少一层缝料组成，其中一层两侧都为无限边，另外的缝料则有一侧或两侧为有限边。

(6)第六类：由一层缝料组成，只有一侧有有限边。

(7)第七类：由至少两层缝料组成，其中一层的一侧为有限边，其余缝料两侧均为有限边。

(8)第八类：由至少一层缝料组成，缝料两侧都是有限边。

3. 缝型的图示

粗实线表示布料层，细虚线表示针的穿刺，所有缝型示意图都应绘制最后缝合状况。见表2-4。

表2-4 常见机缝基础缝型

名称	操作方法	操作示意图	使用范围
1. 平缝	将两层衣片正面相对重叠，距边缘1cm缝头进行缝合		衣片基本缝合线迹，常用于各种衣片的合缝
2. 分缉缝	将平缝后的衣片缝头分开，左右各缉0.5cm的明线		常用于服装合缝后的外装饰线
3. 搭缝	将两层衣片都正面朝上，缝头左右叠合，在中间缉线一道		多用于衬布内部拼接

续表

名　称	操作方法	操作示意图	使用范围
4. 坐缉缝	平缝后将缝头倒向一边，正面缉线，固定缝份		多用于裤子侧缝、夹克分割线等处，线迹具有一定的装饰作用
5. 双折边缝	将衣片先沿边折光约 0.7cm，然后再沿内侧折光 1.5cm，并沿内侧折光边缉 0.1cm		常用于非透明面料的裤口、袖口、下摆等处
6. 扣压缝	将一裁片正面缝份折光，与另一裁片正面相搭合并压缉一道 0.1cm 明线		多用于贴袋、过肩等处
7. 来去缝	先将衣片反面相对，缉 0.3cm 的缝线，将缝头修剪整齐后再将衣片翻转，正面相对，沿边缉 0.7cm 的缝线，将缝头包住		常用于女衬衫、童装的摆缝、合袖缝等
8. 单折边缝	将衣片沿边折光缝份的宽度，然后沿折光边压缉一道明线，通常为 0.1～0.2cm		常用于各类衣服的下摆、袖口
9. 闷缝	平缝缉一道，将下层片的正面翻上来并折光另一裁片在盖住第一道缝线处沿折边口正面缉明线		常用于绱领、绱袖克夫、绱裤腰等
10. 内包缝	先将衣片正面相对，下层缝头放出 0.6cm 包转上层缝头，沿毛边缉线一道。再将衣片翻到正面坐倒包缝，在衣片正面缉压 0.5cm 清止口		常用于中山装、工装裤、牛仔裤
11. 外包缝	先将衣片反面相对，下层缝头放出 0.8cm 包转上层缝头，沿毛边缉线一道。再将包缝坐倒，在正面缉线 0.1cm 清止口		常用于夹克衫、风衣、大衣等
12. 漏落缝	两片平缝后分开缝份，再在两布料接缝缝口处缉缝一道，带住下层布料		此种缝制方法多用于固定挖袋嵌线
13. 分压缝	两块面料相对叠合，沿一边平缝，然后将上层缝份分开，沿上层缝份止口 0.1cm 压缉		用于薄料服装如裤子前后裆缝等处，起固定缝口、增强牢度的作用

第三节 熨烫工艺

一、熨烫的原理

熨烫工艺是服装制作的重要手段，贯穿于服装制作的全过程。熨烫的基本原理是利用纤维在湿热状态下能膨胀伸展和冷却后能保持形状的物理特性来实现对面料的热定型。

二、熨烫的作用

（一）原料预缩

由于面、辅料的特性不同，需要在裁剪制作前对其进行预缩处理，如毛料的起水预缩、棉的下水预缩等，都需要运用熨烫手段来进行。

（二）烫黏合衬（黏衬）

黏合衬一面涂有热熔胶，需要熨烫才能将之与面料黏合。不同面料和黏合衬所需要的熨烫时间、温度、压力是不一样的，需要预先进行试验再正式熨烫。具体熨烫时，熨斗应自衣片中部开始向四周粗烫一遍，使面衬初步贴合平整，然后自上而下一熨斗一熨斗细心熨烫，不可来回磨烫，以免引起黏衬松紧不一。刚黏烫好的衣片待其自然冷却后再行移动。

（三）扣烫边角

服装制作过程中，坐倒缝份，扣转贴边，止口服帖等均需要采用熨烫工艺。

（四）推、归、拔

由于人体是立体的，服装为了更合体，需要利用纺织纤维在湿热条件下变形的特点，对人体不同部位的服装裁片进行推移、归拢、拔开，然后冷却定型。如裤子的拔裆、西服的推门等。

（五）成品整烫

服装制作完成后，需要对整件服装进行熨烫整理，以熨烫手段对服装制作过程中的不足进行修正和弥补，以达到服装成品的最佳状态。

三、熨烫的基本要素

（一）温度

熨烫中，需根据不同面料性质调整温度。温度过低不能使纤维延展、水分汽化，温度过高则容易使纤维炭化或熔化。熨斗上均标有不同面料的熨烫温度。具体数据见表2-5。

表2-5 常用面料的适用蒸汽温度

蒸汽温度/℃	适用面料
120	化纤面料
128	混纺面料
149.6	薄型毛面料
160.5	中厚毛面料

（二）湿度

水分是面料变形所必须的条件，纤维要在润湿的情况下才能充分膨胀变形。所以在熨烫时，需要开启熨斗上的水蒸气调节旋钮或垫一块湿布进行熨烫。

（三）压力

压力是使面料定型的外部条件，在适当的温度、湿度条件下，对熨斗施加一定方向的压力可以使面料延展、折叠或定型。熨烫的压力根据织物情况及熨烫部位不同而不同。在熨烫毛呢织物时，为保持毛绒丰满，则不宜采取压力熨烫，而采用喷射蒸汽熨烫，熨斗面与面料挨近但不接触，抽湿冷却以达到定型的目的。

（四）时间

时间是面料延展和定型以及黏合衬上的胶是否能够充分熔化和渗透的必要条件，需要根据不同面料进行时间调整，可以连续熨烫也可以间歇熨烫。具体熨烫时间与面料配比见表2-6。

表2-6　面料与适用熨烫时间配比

面料	加压时间 /s	抽湿冷却时间 /s
丝绸面料	3	5
化纤面料	4	7
混纺面料	5	7
薄型毛面料	6	8
中厚毛面料	7	10

四、熨烫方法

熨烫需要根据面料质地、部位、款式、结构等不同要求来选择运用不同的技法。在手工熨烫的过程中，我们主要使用电熨斗，一手持熨斗，另一手对面料进行整理，用熨斗底前部进行熨烫。熨烫基本技法可分为平烫、扣烫、分烫、压烫、归烫、拔烫、推烫等。具体操作方式见表2-7。

表2-7　熨烫基本技法

名称	操作方式	图示	用途
平烫	将面料铺平，在其上进行水平熨烫，动作要轻抬轻放，以防面料变形		是最基本的熨烫技法，多用于面料及衣物平面的整理
扣烫	将面料朝向一边折倒熨烫定型		用于裙边、底摆、袖口、裤口等

续表

名称	操作方式	图 示	用 途
分烫	将合缝的两片缝份分开并熨烫平整		用于服装合缝后需要分开缝头的地方
压烫	用熨斗加压将面料压实压薄		多用于较厚实的毛呢面料以及对多层边角部位的熨烫
归烫	手持熨斗在面料上做弧线运动，将直线或外弧的边线逐步向内烫缩成内弧线，并压实定型		用于男西服后肩线、后背等
拔烫	与归烫相反，将直线或内弧的边线向外烫开成外弧线或直线，并压实定型		用于男西服前肩线、腰部等
推烫	是配合归烫和拔烫的推移手法，将归或拔烫出来的多余面料向定点部位推移		配合归、拔熨烫部位

本章小结

■本章主要学习三部分内容：手缝基础工艺、机缝基础工艺、熨烫工艺。手工针的使用是一种传统技艺的传承，起着功能性和装饰性的双重作用。机缝技术，又叫机缝，是现代化生产的基本和最重要的技能，通过机缝技术才能够实现服装工业的高效生产。熨烫工艺是在服装制作过程中进行整形、黏合等的重要手段，对整件服装的最后效果起着至关重要的作用。这三部分内容是服装缝制的基本技能，需要熟练掌握。

思考题

1. 手缝缝制线迹时，基本要领是什么？各种手工针迹除做基本缝合外，还可以有什么样的装饰作用？
2. 机缝过程中，如何进行手脚的配合？
3. 机缝缝型在服装中有什么作用？试在具体服装上找出各种缝型。
4. 熨烫时不同面料应该怎样确定熨烫的温度及时间？
5. 熨烫过程中不同熨烫技术所运用的部位有哪些？

练习题

1. 每种手工针针法缝制25cm长，做到线迹平整、长短统一、间距统一。
2. 缝制平头扣眼、圆头扣眼各五个，钉纽扣五个，拉线襻两个。
3. 剪35cm×35cm面料两块，叠合机缝0.1cm、0.2cm、0.5cm、1.0cm平行线。
4. 机缝各种曲线。
5. 机缝各种缝型各两个。

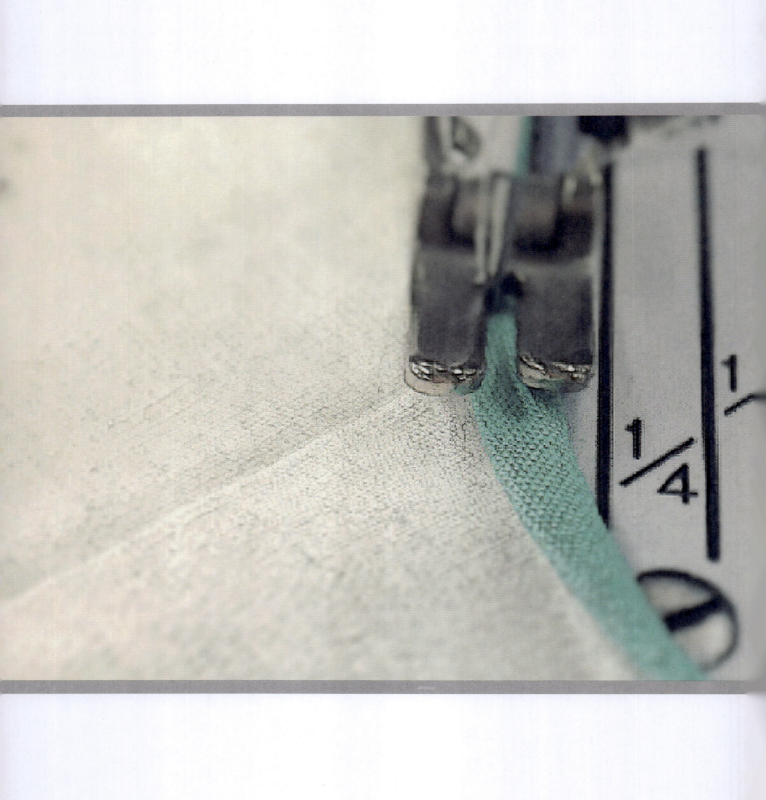

应用理论与实践——

服装部件缝制工艺

> **课题名称：** 服装部件缝制工艺
>
> **课题内容：** 1. 省和褶裥缝制工艺
>
> 　　　　　　2. 门襟缝制工艺
>
> 　　　　　　3. 开衩缝制工艺
>
> 　　　　　　4. 拉链缝制工艺
>
> 　　　　　　5. 口袋缝制工艺
>
> 　　　　　　6. 衣领缝制工艺
>
> **学习目的：** 通过实践操作，使学生了解服装各个部件的分类及外观表现；学习各部件的制作流程及方法。
>
> **课题重点：** 1. 服装各部件的基本类型。
>
> 　　　　　　2. 服装各部件的制作方法及检验标准。
>
> **工具材料准备：** 1. 工具：剪刀、尺子、划粉、手工针、牛皮纸等。
>
> 　　　　　　　　2. 材料：白坯布、面料、里料、缝纫线、拉链、纽扣等。

第三章　服装部件缝制工艺

第一节　省和褶裥缝制工艺

一、省道

（一）丁字型省（图3-1）

图3-1

（1）省道在衣片反面划样。如图3-2。

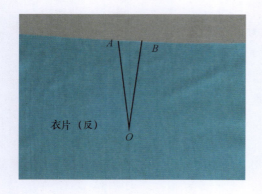

图3-2

（2）将衣片反面按省中线对折，使省道两边AB点重合。从反面根据省道标记线机缝至省尖0.5cm处回针或打结，以免松散。如图3-3。

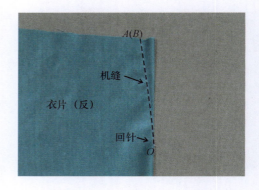

图3-3

（3）将省道倒向一侧，从衣片反面熨烫平整。如图3-4。

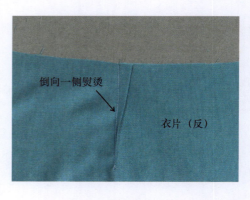

图3-4

（4）如果面料较厚，可将省道剪开至距离省尖大概1/3处，劈开，在省道下面垫上厚纸板，熨烫平整。如图3-5。

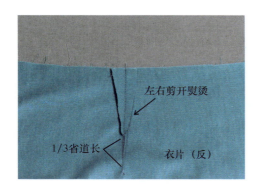

图3-5

(二)枣型省(图3-6)

图3-6

(1)省道在衣片反面上划样。如图3-7。

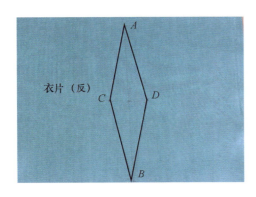

图3-7

(2)将衣片反面按省中线对折,使省道两边 CD 重合。根据省道标记线机缝,起始处省尖处 0.5cm 都要回针。如图3-8。

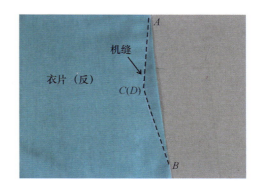

图3-8

(3)薄型面料可倒向一侧,熨烫平整。如图3-9。

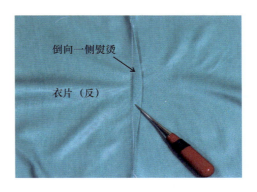

图3-9

(4)厚面料有两种处理方式:一种跟丁字型省道处理方式相同,将省道剪开,然后劈开烫平。如图3-10。

图3-10

（5）厚面料另一种处理方式则是在缝合时将里布作为垫布与之一起缝合。如图3-11。在熨烫时将垫布与省道分开烫平，以达到平衡。如图3-12。

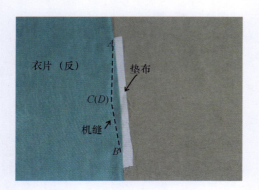

图3-11

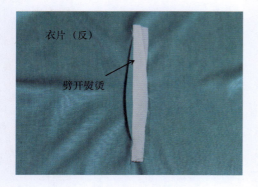

图3-12

二、褶裥

（一）碎褶（图3-13）

图3-13

（1）根据款式需要裁剪抽褶面料。

（2）将针距调节到最大，据面料边缘0.5cm机缝一道。也可用手工针绷缝一道。如图3-14。

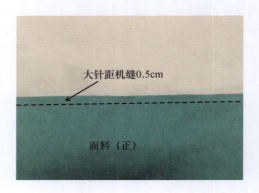

图3-14

（3）将一根缝线抽起，根据所需要的碎褶量或碎褶外观进行褶量调节。如图3-15。

图3-15

（4）机缝固定所抽好的碎褶。如图3-16。

图3-16

（二）风琴褶（图3-17）

图3-17

（1）在面料上进行褶裥定位标记，宽度根据款式而定。所用面料宽度加放量为褶裥宽度的两倍。如图3-18。

图3-18

（2）将面料正面沿AB中线对折，使A点与B点重合，用大头针固定。如图3-19。

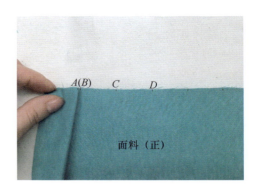

图3-19

（3）继续重复第二步骤，将C点与D点重合对折并固定。如图3-20。

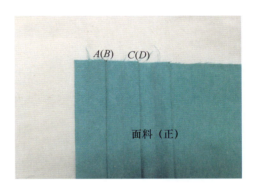

图3-20

（4）依次折叠好每个褶裥，褶裥倒向同一方向，熨烫定型并机缝固定褶裥。如图3-21。

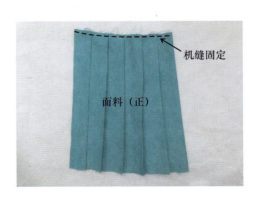

图3-21

（三）箱型褶（图3-22）

图3-22

（1）在面料上进行褶裥定位标记，宽度根据款式而定。所用面料长度加放量为褶裥宽度的两倍。如图3-23。

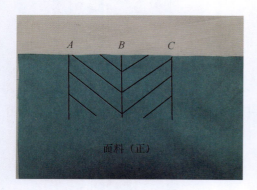

图3-23

（2）将面料正面沿AB中线对折，使A点与B点重合，用大头针固定。如图3-24。

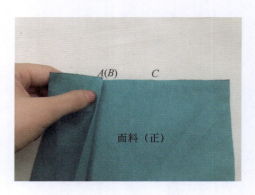

图3-24

（3）沿BC中线对折，将C点与B点重合，BC褶裥倒向与AB褶裥倒向相反，用大头针固定。如图3-25。

图3-25

（4）将折叠好的褶裥AC熨烫定型，重复上述步骤依次折叠好余下的褶裥并熨烫定型并机缝固定褶裥。如图3-26。

图3-26

第二节 门襟缝制工艺

一、女衬衫门襟（图3-27）

图3-27

女衬衫门襟的两种做法：

（一）第一种做法：门襟与挂面独立

（1）按照前衣片挂面样板形状对称裁剪挂面。如图3-28。

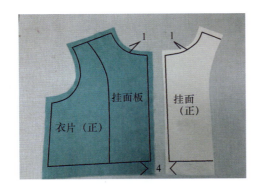

图3-28

（2）挂面反面黏衬，靠侧缝一边锁边。如图3-29。

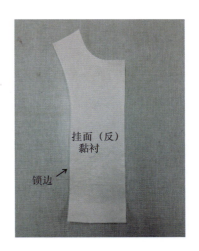

图3-29

（3）将挂面正面与前衣片正面相对，根据缝份机缝至衣摆并转直角机缝至挂面边缘回针。如图3-30。

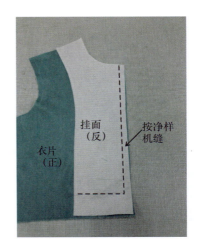

图3-30

（4）将衣角多余缝份按图示剪掉。如图3-31。

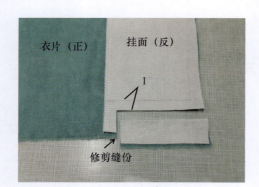

图3-31

（5）将挂面翻转至衣片反面，沿缝迹向侧缝方向熨烫出0.1~0.2cm吐出量。如图3-32。

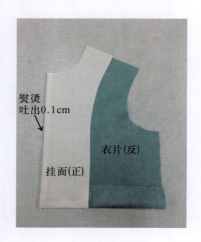

图3-32

（二）第二种做法：门襟挂面连裁

（1）按照前衣片形状对称连裁一片挂面，挂面反面黏衬并在外止口锁边。如图3-33。

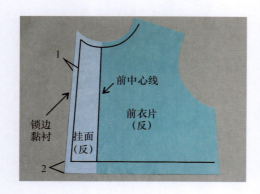

图3-33

（2）将挂面沿门襟线翻折到衣片正面熨烫。如图3-34。

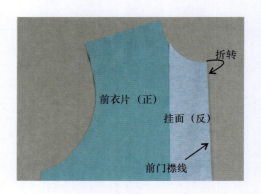

图3-34

（3）在衣摆反面根据缝份机缝至挂面边缘回针。将衣角多余缝份按图示剪掉。如图3-35。

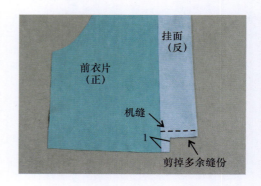

图3-35

（4）将衣片翻转至正面，熨烫平整。如图3-36。

图3-36

二、男衬衫门襟（图3-37）

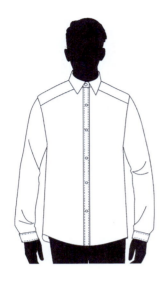

图3-37

（一）第一种做法：门襟挂面独立

（1）前衣片将门襟部位裁掉，在前片边缘留1cm缝份。根据前门襟净样裁剪前门襟布，宽度为门襟宽×2+2cm（缝份），并在前门襟布反面黏衬。如图3-38。

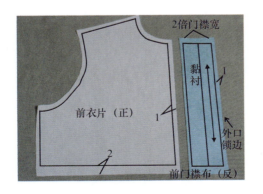

图3-38

（2）将前门襟布正面与衣片正面相对，沿衣身边缘缝份机缝至底边净样线。前门襟布另一侧缝份向反面扣烫。如图3-39。

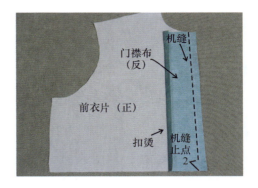

图3-39

（3）将衣片底边根据折卷边缝的方式折转到反面机缝0.1cm固定。如图3-40。

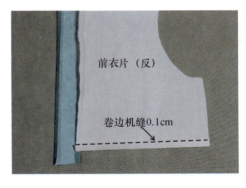

图3-40

（4）将门襟布沿中线反向对折，机缝门襟布底边缝份并修剪多余缝份。如图3-41。

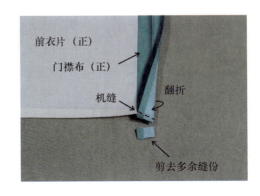

图3-41

（5）翻转门襟布至衣片正面，从正面沿门襟布左右边缉明线0.1cm。如图3-42。

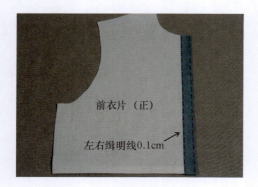

图3-42

（二）第二种做法：门襟挂面连裁

（1）从前衣片边缘放出1cm缝份后再按照前门襟尺寸连裁前片门襟挂面，挂面比门襟宽1cm，反面门襟处黏衬，挂面外口锁边。如图3-43。

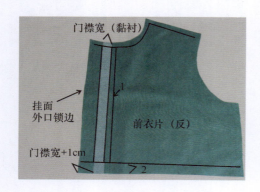

图3-43

（2）沿挂面净样板下1cm处剪去多余缝份。如图3-44。

图3-44

（3）将挂面沿前衣片边缘外0.5cm翻折到衣片正面，并沿折转边缘机缝0.5cm。如图3-45。

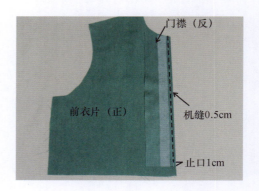

图3-45

（4）衣片挂面翻转至反面，将衣片底边缝份翻折到衣片反面熨烫，卷边机缝0.1cm或手针固定。如图3-46。

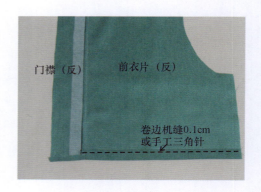

图3-46

（5）将挂面沿门襟净样线翻折至衣片反面熨烫，挂面底边缝份折入衣片与挂面之间，手工针繰缝固定。如图3-47。

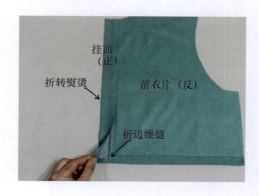

图3-47

（6）将衣身翻转至正面，在门襟位置左右缉明线0.1cm。如图3-48。

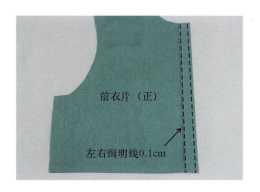

图3-48

三、T恤门襟（图3-49）

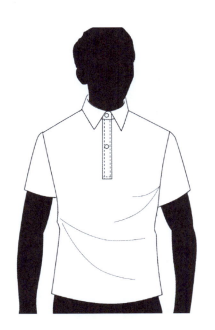

图3-49

（1）根据图示裁剪出门襟布和里襟布，门襟和里襟净样宽度及长度根据款式而定，里襟宽度为门襟净样宽度×2+2cm（缝份），里襟长度为门襟净样长度+2.5cm（缝份）（上部为1cm缝份，下部为1.5cm缝份）。并在门襟和里襟的反面分别黏衬。如图3-50。

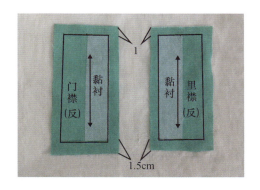

图3-50

（2）将前衣片标注好门襟的位置。如图3-51。

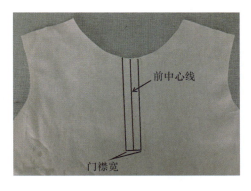

图3-51

（3）将门襟反面的左下角按照图示减去余量并将门襟、里襟缝份向反面翻折扣烫。如图3-52。

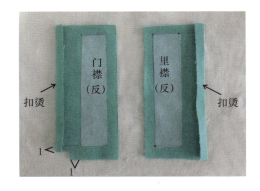

图3-52

（4）将门襟和里襟正面分别与衣片正面相对

放置在标注的门襟位置上，并按照标记好的门襟线机缝两条平行线。如图3-53。

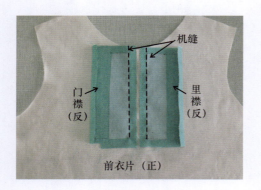

图3-53

（5）从反面沿两条机缝线的中间剪开，至两端1cm处停下，再分别朝机缝线两端点剪三角，成"Y"形，如图3-54。剪口距离机缝端点0.1～0.2cm，不要剪断缝线。正面如图3-55。

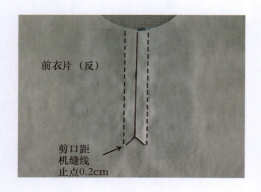

图3-54

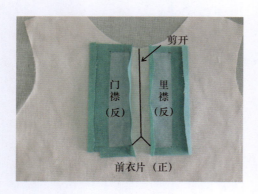

图3-55

（6）里襟布从剪口处翻转到正面。如图3-56。将右边前衣片翻下。如图3-57。里襟对折并对齐上下缝份熨烫。如图3-58。

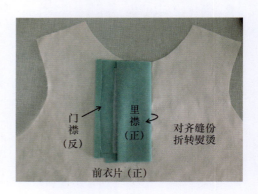

图3-56

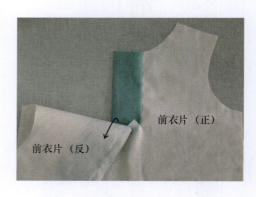

图3-57

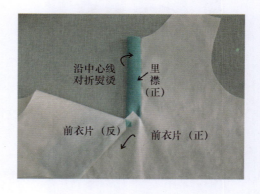

图3-58

(7) 从衣片正面沿里襟左右边缘各缉0.1cm明线。如图3-59。

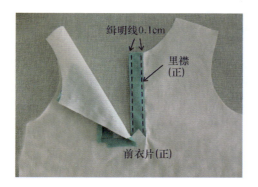

图3-59

(8) 门襟布下端缝份扣向反面熨烫。如图3-60。

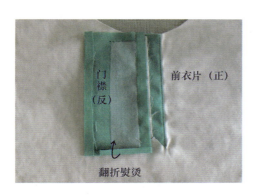

图3-60

(9) 将右衣片掀开，将门襟布翻转到衣片正面，对折并对齐上下缝份熨烫。如图3-61。

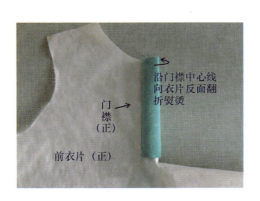

图3-61

(10) 机缝门襟两侧0.1cm明线，下端留出1.5cm缝头不缉。如图3-62。

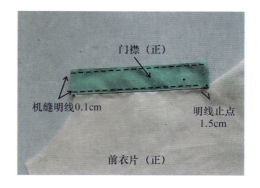

图3-62

(11) 在衣片正面翻开门襟布，将里襟下端剪掉0.5cm的缝份。如图3-63。

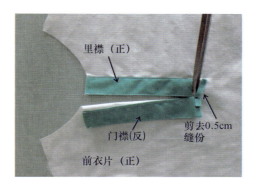

图3-63

(12) 再将门襟布翻扣在里襟上，门襟缝份折转包住里襟和衣片三角。如图3-64。然后继续缉门襟明线。如图3-65。

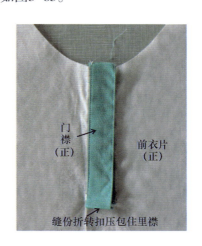

图3-64

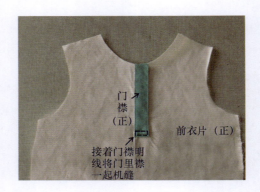

图3-65

第三节 开衩缝制工艺

一、袖衩

(一)条形衩(图3-66)

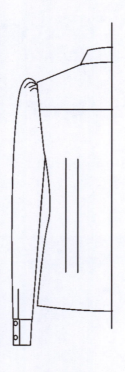

图3-66

(1)确定袖开衩位置,裁剪袖衩布,袖衩布高为袖衩高(自定)×2+2cm(缝份),宽为3cm(缝份)。如图3-67。

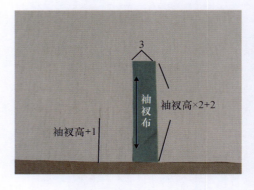

图3-67

(2)将袖衩布反面根据中线左右对折,然后再从中线对折,下层比上层吐出0.1cm熨烫。如图3-68、图3-69。

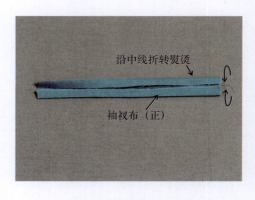

图3-68

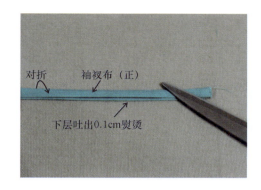

图3-69

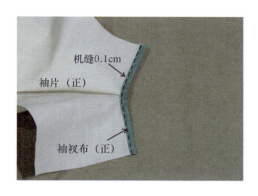

图3-72

（3）袖片开衩位置开剪口。如图3-70。

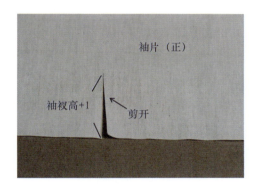

图3-70

（6）袖开口恢复原状，在袖片反面，将袖衩布上下对齐，在折转处回针缉三角固定。如图3-73。

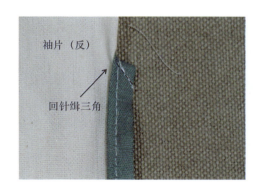

图3-73

（4）将开口的两侧拉平，袖衩布夹住袖片开口处，用大头针固定或手工绷缝一道。如图3-71。

（7）翻转至正面，叠合熨烫平整。如图3-74。

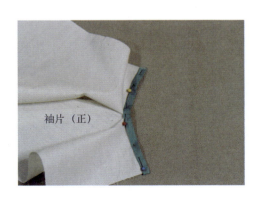

图3-71

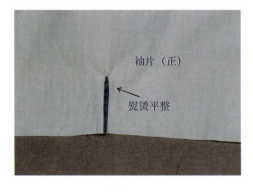

图3-74

（5）从袖片正面机缝袖衩布0.1cm，注意袖衩转角处拉平，无毛边漏出。如图3-72。

(二)剑式衩(图3-75)

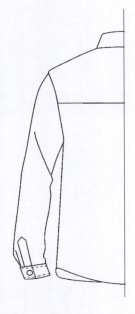

图3-75

(1)确定袖开衩的位置,如图裁剪袖开衩布宽为2cm×2+2cm(缝份),高为10cm+1cm+1.5cm(缝份);袖开衩里襟布宽为1.2cm×2+1cm(缝份),高为10cm+2cm(缝份)。将开衩布反面黏衬。如图3-76。

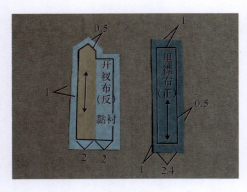

图3-76

(2)将净样板夹在开衩布中间按照缝份折转熨烫,下方留出缝份。里襟布按照条形衩的方式折转熨烫,且上下均留出缝份。如图3-77。

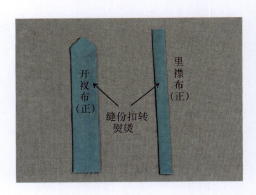

图3-77

(3)将衣片沿袖衩位置剪开,在距离袖衩顶部1cm处剪"Y"型开口,开口宽度1cm。如图3-78。

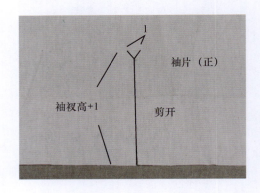

图3-78

(4)将里襟翻开,夹入"Y"型开口的一侧,上端留出1cm缝份,衣片缝份塞足。如图3-79。

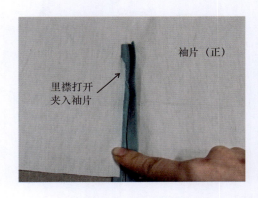

图3-79

(5)从开衩止点开始,在里襟上缉0.1cm明线,将上下里襟及衣片缝份缉牢。如图3-80。

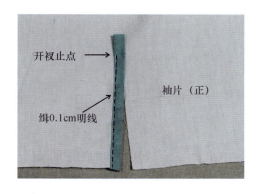

图3-80

(6)衣片"Y"型开口的三角缝份倒向衣片正面,与里襟缝份机缝缉住。然后将缝份修剪至0.3cm。如图3-81。

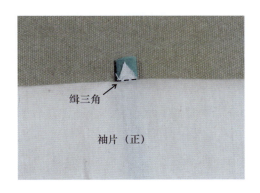

图3-81

(7)将开衩布翻开,夹入衣片另一边缝份。开衩布上端与开衩口齐平。如图3-82。

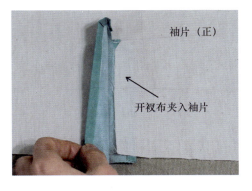

图3-82

(8)盖上开衩布,注意将里襟完全盖住。如图3-83。

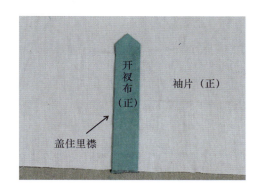

图3-83

(9)如图所示,在开衩布正面缉0.1cm明线。如图3-84。

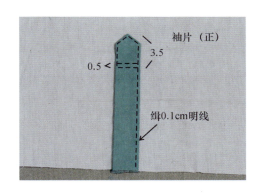

图3-84

(三)西服袖衩(图3-85)

(1)按两片袖样板,裁剪大袖面、小袖面、大袖里、小袖里。在大袖面和小袖面的反面底部和开衩部位黏衬。如图3-86~图3-89。

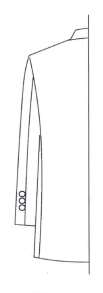

图3-85

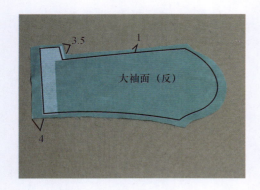

图3-86

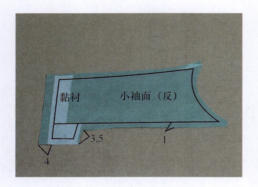

图3-87

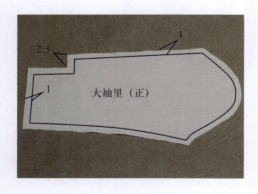

图3-88

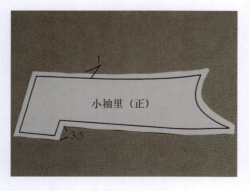

图3-89

（2）大袖面和小袖面正面相对缝合，并劈缝烫缝份。如图3-90、图3-91。

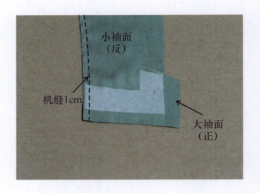

图3-90

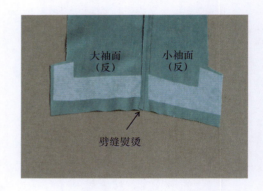

图3-91

（3）大袖开衩处，以袖口缝份线丁高度O为基准点，如图划线：$AO=BO$，AC垂直于AB，连接CO延长至袖口缝份边缘D。如图3-92。

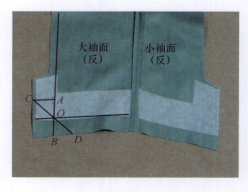

图3-92

（4）以袖口缝份线丁高度的O点为基准对折，使C点和D点重合，机缝OC斜线并在距C点0.7cm处回针。如图3-93。留0.5cm缝份，余量剪掉。如图3-94。

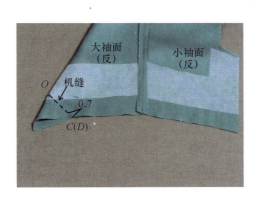

图3-93

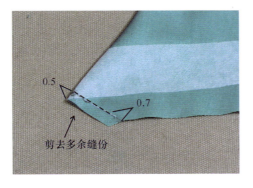

图3-94

（5）翻转至袖片正面，上翻袖口缝份，小袖开衩上的袖口缝份下0.7cm位置机缝。如图3-95。

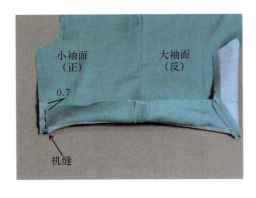

图3-95

（6）将袖口底边翻折至袖片反面熨烫，小袖开衩和大袖开衩位置缝合，机缝线止点在袖口缝份边缘下0.7cm处。如图3-96。

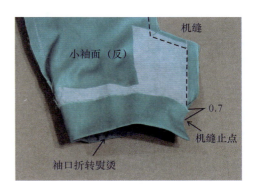

图3-96

（7）开衩止点处开剪口，劈缝熨烫上半部分缝份，袖口缝份手针暗缲固定。如图3-97。

图3-97

（8）在线丁外0.3cm位置，缝合袖里的大袖和小袖即车缝缝份0.7cm，并在大袖里的开衩止点处剪开剪口，翻折熨烫缝份。如图3-98。

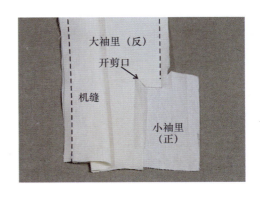

图3-98

（9）将小袖面的反面和小袖里反面相对，在缝份处手针绷缝固定袖里和袖面。如图3-99。

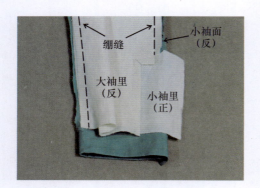

图3-99

（10）大袖里反面掀起，翻到正面，将剩余袖里缝份折转扣向袖面，用手针竖缲缝的方法与袖面固定。如图3-100。

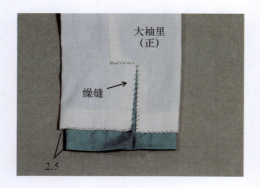

图3-100

二、底摆开衩

（一）不挂里裙后衩（图3-101）

图3-101

（1）如图裁剪后裙片开衩部分，将后裙片开衩部分反面位置按净样黏衬并锁边。如图3-102。

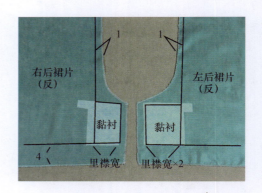

图3-102

（2）将左右后裙片底摆多余缝份剪掉。如图3-103。

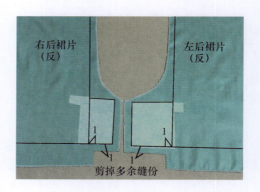

图3-103

（3）左后裙片开衩部位折转向裙片正面，沿底摆净样缉合。如图3-104。

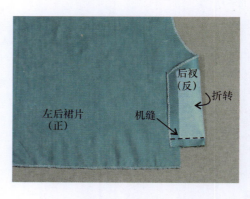

图3-104

（4）右后裙片沿开衩部位中线向裙片正面对折，沿底摆净样机缝。如图3-105。

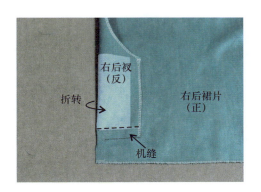

图3-105

（5）开衩部位翻转熨烫。左右后裙片正面相对，缝合后中缝至开衩止点位置。如图3-106。将缝份劈开熨烫至开衩处，开衩处倒向右侧熨烫平整。如图3-107。

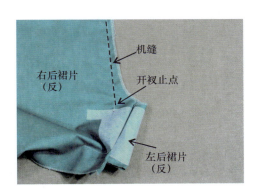

图3-106

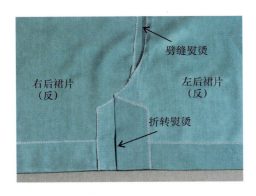

图3-107

（6）将右后裙片掀开，从开衩止点横向缝合固定左右后衩。开衩底部手针缲缝固定。如图3-108。正面如图3-109。

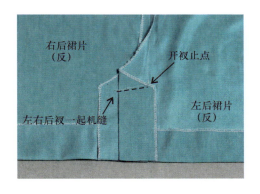

图3-108

图3-109

（二）挂里裙后衩（图3-110）

图3-110

（1）裁剪后裙片面和里的开衩部分。将后裙片面在反面开衩位置黏衬，并在裙底摆及开衩处锁边。其中左右后裙片面裁剪方式相同。如图3-111～图3-113。

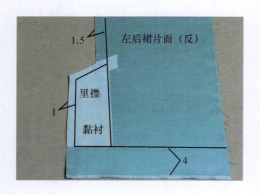

图3-111

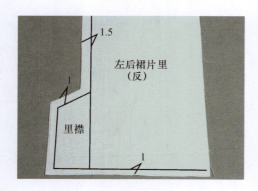

图3-112

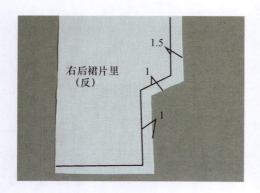

图3-113

（2）右后裙片面的正面和左后裙片面的正面相对，按后裙片中心标记缝合，线迹至开衩止点处再横向机缝。止点留1cm缝份不绱。如图3-114。

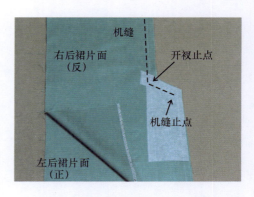

图3-114

（3）将裙后中缝劈缝熨烫，在开衩止口处开剪口，止口以下缝份倒向右后裙片。右后裙片底摆按净样折转熨烫，右后衩缝份盖住底摆并三角针固定缝份。如图3-115。

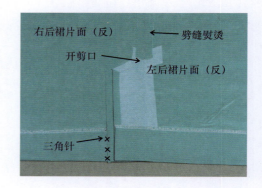

图3-115

（4）将左后裙片开衩部位缝份折向反面扣烫，底摆按净样折转并将缝份缲缝。如图3-116。

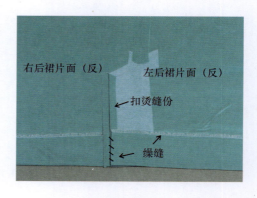

图3-116

（5）左右后裙片里的正面相对，按标记机缝后中心处，为使裙开衩不容易损坏，需在开衩止点处黏衬，然后在此处开剪口，剪口开至距开衩止点0.2cm左右位置。如图3-117。

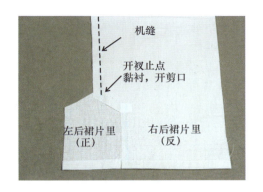

图3-117

（6）将右后裙片面正面和右后裙片里正面相对机缝，缝合线开始于开衩止点，截止于裙里底摆。如图3-118、图3-119。翻至裙片里正面。如图3-120。

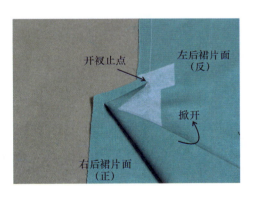

图3-118

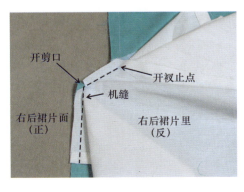

图3-119

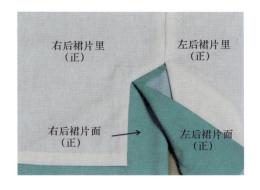

图3-120

（7）将后裙片里从裙片上端翻转至裙片下端，露出开衩止点，并机缝此处。如图3-121。

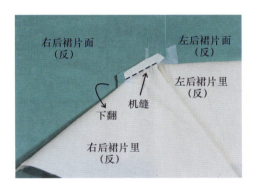

图3-121

（8）在后裙片面的正面，掀起左后裙片面，翻到反面，露出裙片里后中心的机缝线迹，并按此线迹续缝，将左后裙片面的里襟贴边和左后裙片里缝合。如图3-122。

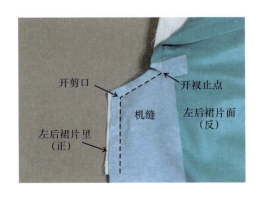

图3-122

（9）裙片里正面在上平整放置好，裙底摆用手针暗缲缝，裙开衩处用三角针固定，裙里和裙面也用三角针固定。如图3-123。

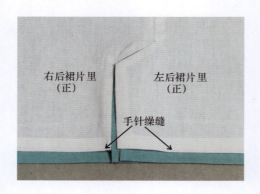

图3-123

第四节 拉链缝制工艺

一、平口拉链

（一）第一种做法（图3-124）

图3-124

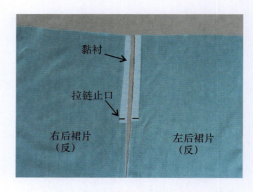

图3-125

（1）将衣片左右两片缝份锁边，在上拉链位置黏衬1cm宽。如图3-125。

（2）将衣片下方左右两片面面相对缝合，一直到拉链止口位置并回针。如图3-126。

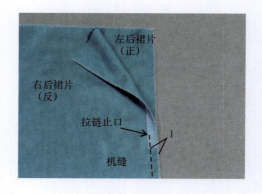

图3-126

（3）将衣片缝份熨烫分开，拉链对齐衣片中缝放好，用手工针绷缝固定。如图3-127。

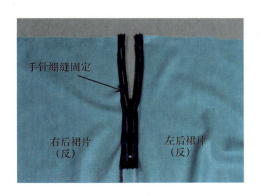

图3-127

（4）从衣片正面距中线0.5cm位置缉明线并在开口止点处横向封口。如图3-128。

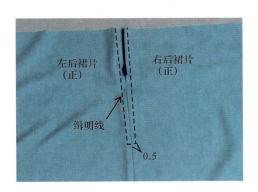

图3-128

（5）拆除绷缝线迹，从衣片反面将拉链两边的布边用缲针固定。如图3-129。

图3-129

（二）第二种做法（图3-130）

图3-130

（1）将衣片左右两片缝份锁边，在上拉链位置黏衬1.5cm宽。如图3-131。

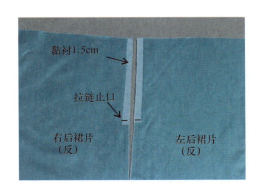

图3-131

（2）将衣片下方左右两片面面相对缝合，一直到拉链止口位置并回针。如图3-132。

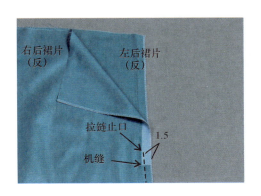

图3-132

（3）将衣片缝份熨烫分开，在开口止点之上将右侧缝份多吐出0.3cm折转熨烫，即右侧缝份扣烫1.2cm。如图3-133。

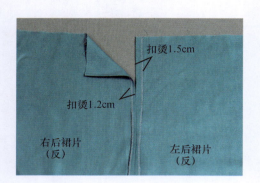

图3-133

（4）拉链放在后衣片正面下，右边缝份扣压0.3cm在右侧拉链上直到开口止点之下1.5cm。如图3-134。

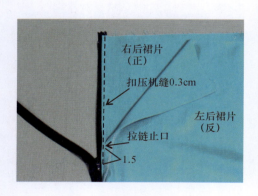

图3-134

（5）将左衣片盖住右边拉链扣压线迹，用手工针绷缝住拉链与左衣片。如图3-135。

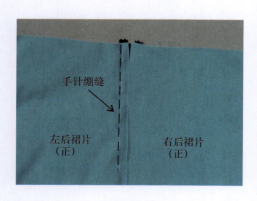

图3-135

（6）左衣片机缝明线0.8cm并在止口回针。如图3-136。

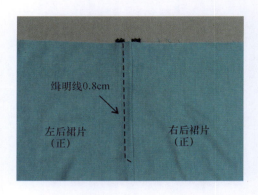

图3-136

（7）拆除绷缝线迹，从衣片反面将拉链两边的布边用缲针固定。如图3-137。

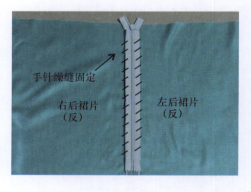

图3-137

二、隐形拉链（图3-138）

图3-138

（1）将衣片左右两片缝份锁边，在上拉链位置黏衬1cm宽。如图3-139。

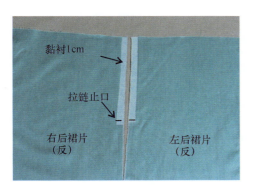

图3-139

（2）衣片下方左右两片正面相对机缝，一直到拉链开口位置并回针。如图3-140。

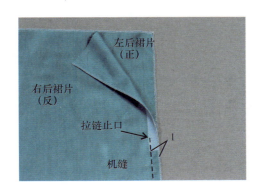

图3-140

（3）将衣片缝份熨烫分开。如图3-141。拉链对齐衣片中缝放好，翻开衣片缝份将之与拉链用手工针绷缝固定。如图3-142。

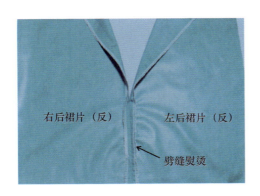

图3-141

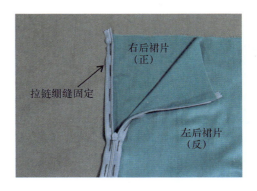

图3-142

（4）将拉链拉开，从衣片正面用单边压脚沿拉链锯齿边缘进行缝合。注意在缝合的过程中要将拉链的锯齿推开，让机针能够尽量接近锯齿边缘。如图3-143。

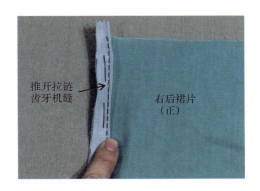

图3-143

（5）把拉链头从衣片的反面拉到正面来，合拢隐形拉链。如图3-144。

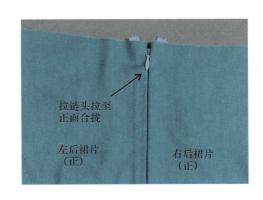

图3-144

（6）从衣片反面将拉链两边的布边用缲针固定。如图3-145。

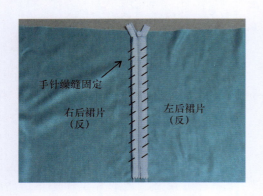

图3-145

三、裤前门襟拉链（图3-146）

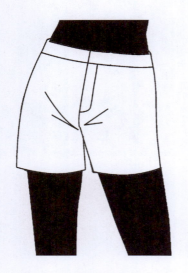

图3-146

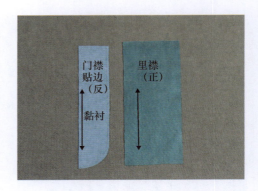

图3-147

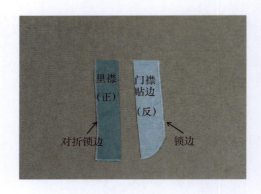

图3-148

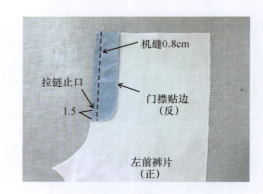

图3-149

（1）如图根据样板裁剪拉链门襟贴边和里襟，其中里襟宽度为门襟贴边的两倍，长度相等，四周均放缝份1cm。其中门襟贴边反面需黏衬，门襟贴边的外口需要锁边。里襟需要对折，然后里襟的外口锁边。如图3-147、图3-148。

（2）先将门襟贴边与左裤片面面相对，按照0.8cm的缝份机缝并回针，机缝在拉链止口位置下1.5cm。如图3-149。

（3）将贴边展开，将贴边及裤片的缝份都倒向贴边，在贴边上缉0.1cm的坐倒缝。如图3-150。

第三章　服装部件缝制工艺 | 059

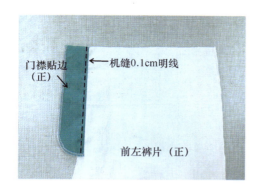

图3-150

（4）左右两前裤片正面相对，从反面沿1cm缝份机缝小裆至拉链止口位置上回针。如图3-151。

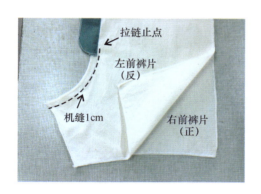

图3-151

（5）将里襟与拉链机缝固定，如图3-152。

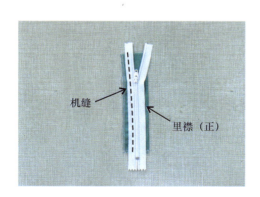

图3-152

（6）右前裤片缝份折转0.5cm，并扣压在拉链上绲线0.2cm。此扣压的缝线要一直延伸到拉链止口下，藏于小裆缝份内侧。如图3-153。

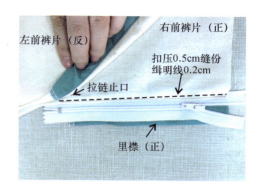

图3-153

（7）翻转到裤片正面，将左裤片展平盖住右裤片扣压的缝线，此时可以手工针将左裤片在前中心附近与拉链绷缝固定。如图3-154。

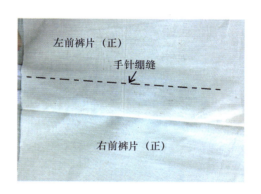

图3-154

（8）拉开拉链，并掀开左裤片，将门襟贴边与拉链缝合。如图3-155。

图3-155

（9）重新合上拉链，将里襟翻开至右裤片反面，在左裤片正面根据门襟净样缉门襟明线并回针。注意不要缉住里襟。如图3-156。

（10）里襟翻回，从裤片反面将里襟和门襟贴边回针固定。如图3-157。

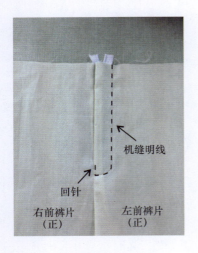

图3-156

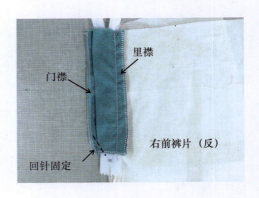

图3-157

第五节　口袋缝制工艺

一、贴袋（图3-158）

图3-158

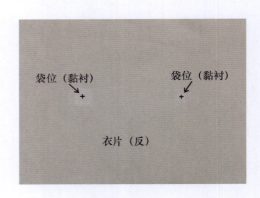

图3-159

（1）在衣片贴袋位置做线丁标记，并在衣片反面，袋口两侧角上黏衬。如图3-159。

（2）按贴袋板裁剪贴袋布，上端留3cm缝份，并黏衬；袋两侧及底端留1cm缝份，距贴袋上端两侧角处的线丁标记0.3cm的位置剪去多余缝份。贴袋四周锁边处理。如图3-160。

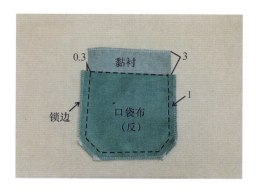

图3-160

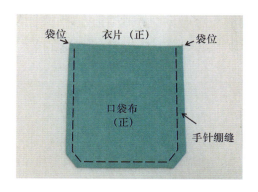

图3-163

（3）将袋布反面上端3cm缝份翻折熨烫，并在边缘0.5cm位置机缝。如图3-161。

（6）在贴袋布边缘缉0.1cm明线，袋口两侧角部缝来回针固定。如图3-164。

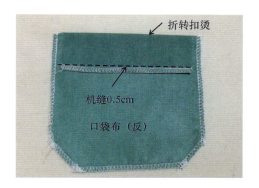

图3-161

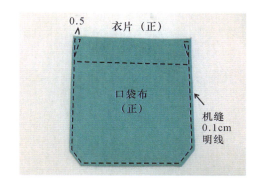

图3-164

二、插袋

（一）侧直插袋（图3-165）

（4）垫硬纸板熨烫贴袋两侧及下端缝份。如图3-162。

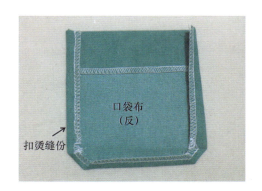

图3-162

（5）手针绷缝将贴袋布正面固定在衣片正面，绷缝时注意对应线丁标记。如图3-163。

图3-165

（1）根据衣片样板裁剪袋布A和袋布B及袋垫布。如图3-166～图3-168。

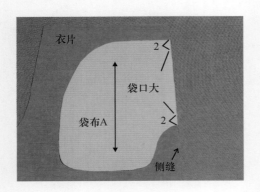

图3-166

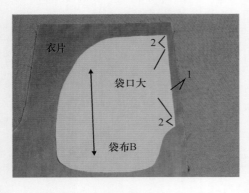

图3-167

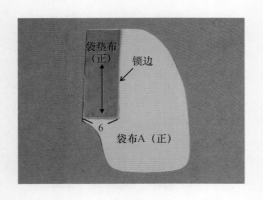

（2）前后衣片反面袋口处黏衬1cm。如图3-169。

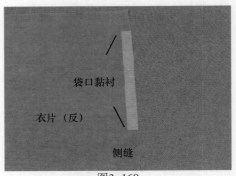

图3-169

（3）袋布B与前衣片正面相对机缝0.5cm，机缝起止点均留1cm缝份不缉合。如图3-170。

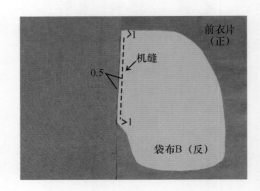

图3-170

（4）将袋垫布正面朝上放置在口袋布A正面并机缝固定。如图3-171。

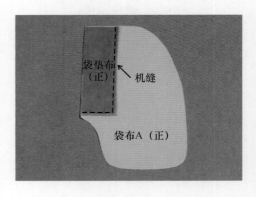

图3-171

(5) 袋布A与后衣片正面相对，机缝0.8cm缝份。如图3-172。

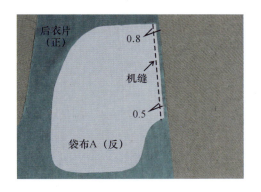

图3-172

(6) 将前后衣片正面相对缝合1cm缝份，留出袋口位置不缉，起止点回针。如图3-173。

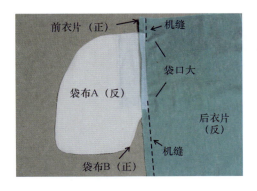

图3-173

(7) 侧缝缝份劈开熨烫。如图3-174。

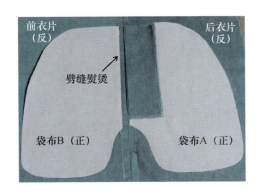

图3-174

(8) 衣片正面缉明线（自定）。如图3-175。

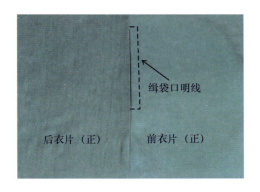

图3-175

(9) 在衣片反面，将袋布A与袋布B正面相对，沿袋边缘机缝并双层锁边。如图3-176。

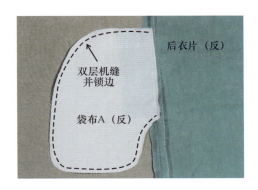

图3-176

(10) 翻转至衣片正面，垂直于袋口明线在袋口处横向机缝固定，与之前明线重合。如图3-177。

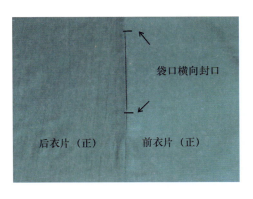

图3-177

（二）侧斜插袋（图3-178）

图3-178

（1）根据口袋样板剪裁口袋布及贴边。将贴边和裤前片袋口处黏衬。如图3-179。

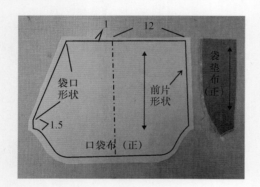

图3-179

（2）将袋垫布锁边后，正面放置在口袋布的正面上，对准标记缝合。如图3-180。

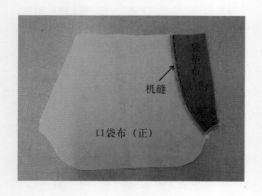

图3-180

（3）将口袋布反面相对对折，沿底边缉0.5cm，至距离侧缝1.5cm处回针，并在此处垂直于机缝线开剪口。如图3-181。

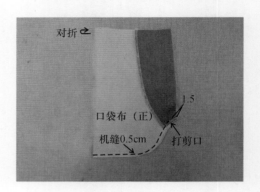

图3-181

（4）口袋布翻转至反面，继续在原来的底摆上机缝0.8cm至剪口处。如图3-182。

图3-182

（5）掀开袋垫布，将口袋布斜边正面与裤前片开袋处正面相对，机缝0.8cm。如图3-183。

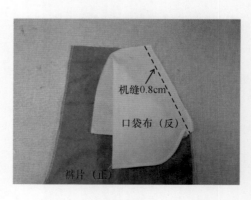

图3-183

（6）将口袋布掀开，缝份朝向口袋布坐倒缉0.1cm。如图3-184。

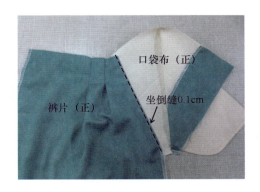

图3-184

（7）口袋布倒向裤片反面，从裤口正面缉0.6cm明线。如图3-185。

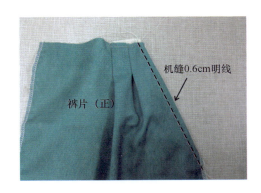

图3-185

（8）将袋垫布部分翻回正面，与裤片摆放平整，在距离裤腰1.5cm处以及距离侧缝1.5cm处回针固定袋口与裤片。将袋垫布锁边。如图3-186。

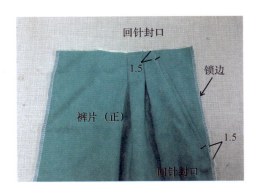

图3-186

三、挖袋

（一）单嵌线挖袋（图3-187）

图3-187

（1）按样板裁口袋布、袋垫布、嵌线布。并在嵌线布反面黏衬。如图3-188。

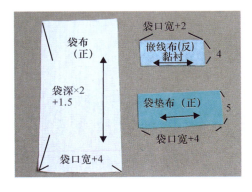

图3-188

（2）在开袋部位反面黏衬。如图3-189。

（3）将袋垫布置于口袋布上，确定垫布在口袋布的位置，然后用扣压缝固定袋垫布和口袋布。如图3-190。

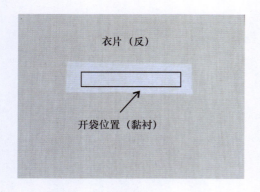

图3-189

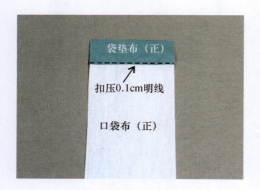

图3-190

（4）将嵌线布对折熨烫。与衣片正面相对，沿嵌线边缉与袋口等长的1cm宽的线，两端一定要重合回针。如图3-191。

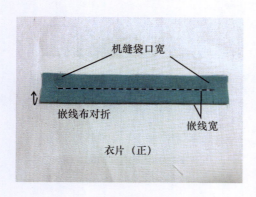

图3-191

（5）掀开嵌线布缝份，将缝好袋垫布的口袋布放在衣片正面开袋处（有袋垫的一面与衣片正面相对），袋垫布上口0.5cm缝份放置在嵌线布缝线外0.9cm宽度处机缝一道。要求这条缝线与嵌线布的缝线平行，且长度一样，两端一定要重合回针。如图3-192。

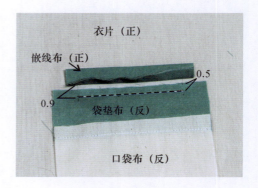

图3-192

（6）从反面在缉线中间处剪开口，袋口两端剪三角。剪至距缉线端处0.1~0.2cm。如图3-193。

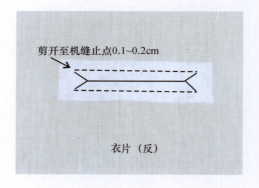

图3-193

（7）将口袋布从开口处翻转至衣片反面。嵌线条缝份也翻转至衣片反面。如图3-194。嵌线正面朝上。如图3-195。

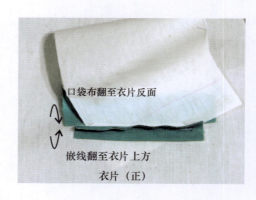

图3-194

图3-195

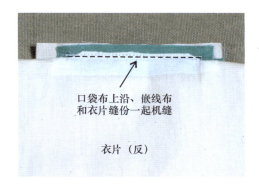

图3-198

（8）从正面掀开衣片及袋布，将两端三角沿三角底边封牢，要求无褶皱，无毛边漏出，且牢固。如图3-196。

（10）掀开衣片，将口袋布左右机缝封口并锁边。如图3-199。

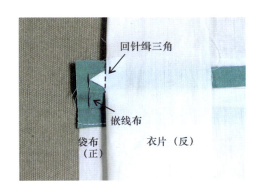

图3-196

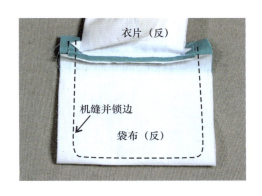

图3-199

（9）掀开衣片，将口袋布下沿折转与嵌线缝份正面相对，将衣片上部向正面翻折，露出口袋布上沿，嵌线布缝份和衣片剪开口的缝份，一起缝合固定。如图3-197、图3-198。

（二）双嵌线挖袋（图3-200）

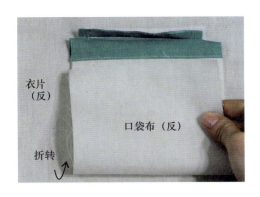

图3-197

图3-200

（1）按样板裁口袋布、袋垫布、嵌线布。嵌线布反面黏衬。如图3-201。

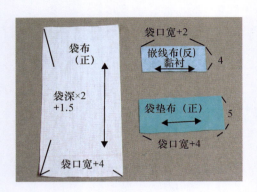

图3-201

（2）在开袋部位反面黏衬。如图3-202。

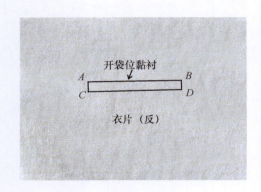

图3-202

（3）将嵌线布向中心线对折熨烫。如图3-203。

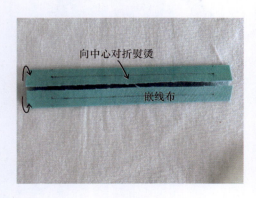

图3-203

（4）将嵌线与裤片正面相对，两嵌线对准袋口线，沿嵌线边缘与袋口等长的0.5cm的线，两端一定要重合回针。如图3-204。

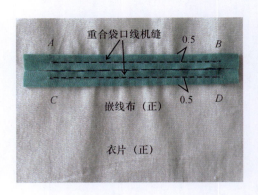

图3-204

（5）从反面在绱线中间处剪开口，袋口两端剪三角。剪至距离绱线端头0.1~0.2cm处。反面如图3-205。正面如图3-206。

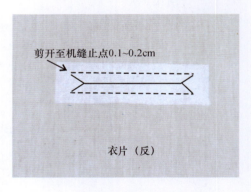

图3-205

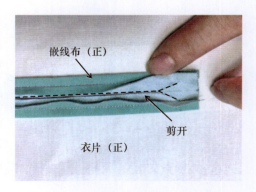

图3-206

（6）嵌线翻至反面分烫剪开的袋口，沿劈开缝份翻折嵌线烫平，要求不拧不豁。如图3-207。正面如图3-208。

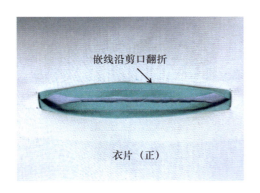

图3-207

图3-208

（7）从正面掀开裤片及袋布，将两端三角沿三角底边封牢，要求无裥，无毛漏，且牢固。如图3-209。

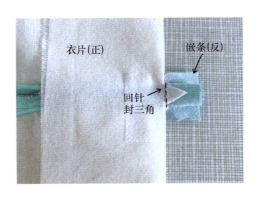

图3-209

（8）将袋垫布置于反面袋口处，确定袋垫布在口袋布的位置，然后用扣压缝固定袋垫布和口袋布。如图3-210。

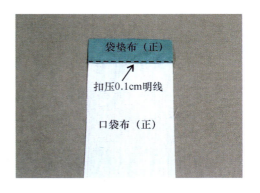

图3-210

（9）掀开衣片，将口袋布带袋垫布部分与上方嵌线条缝份正面相对叠合机缝。如图3-211。

图3-211

（10）将口袋布下口与下方嵌线条缝份正面相对叠合机缝。如图3-212。

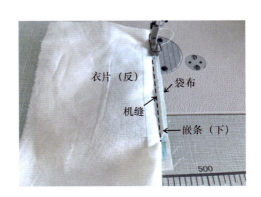

图3-212

（11）掀开裤片，沿裤子口袋的造型机缝，两侧锁边。如图3-213。

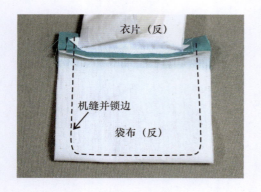

图3-213

（三）平挖袋（图3-214）

图3-214

（1）衣片反面在袋位上做标记，并黏衬，衬宽为袋宽+2cm，衬高为袋高（2.5cm）+2cm。如图3-215。

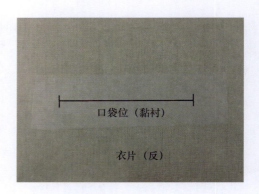

图3-215

（2）嵌线布用面料，嵌线布宽为袋宽+2cm，嵌线布高为袋高（2.5cm）×2+1cm，并在反面黏衬。如图3-216。

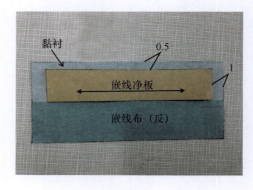

图3-216

（3）口袋布宽为袋宽+3cm，口袋布高为袋高+1cm+袋布深（自定）×2。如图3-217。

图3-217

（4）嵌线布反面对折，从两侧沿净样机缝。如图3-218。

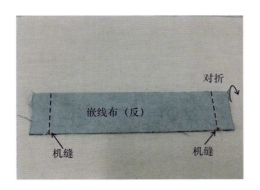

图3-218

（5）翻至袋口正面，熨烫整理后，机缝袋口上端明线（宽度根据款式而定）。如图3-219。

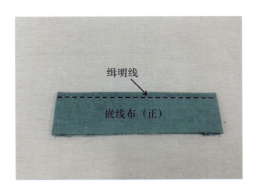

图3-219

（6）在衣片正面袋口下端袋位标记处缝合嵌线布和口袋布，缝份1cm。注意为使袋口坚固，在机缝线开始和结束时来回倒针。如图3-220。

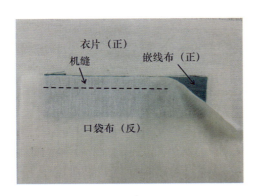

图3-220

（7）衣片正面机缝线迹上0.5cm处横向剪开，至衣片两侧线距线丁0.5cm位置，分别向上剪至0.5cm处，向斜下方剪至距两侧线丁0.1~0.2cm位置。如图3-221、图3-222。

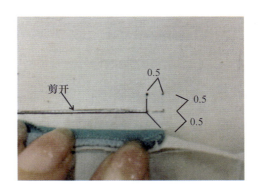

图3-221

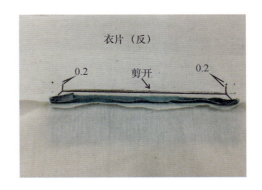

图3-222

（8）将口袋布从衣片正面剪口处翻至衣片反面。如图3-223。

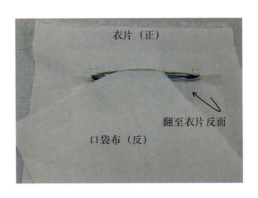

图3-223

(9) 衣片正面，将嵌线布掀起。如图3-224。

图3-224

(10) 衣片反面，将口袋布掀起，口袋布上端缝份和衣片反面袋口上端缝份对齐。在衣片正面，衣片上端下翻，将露出的衣片剪口缝份和口袋布一起缝合。如图3-225。

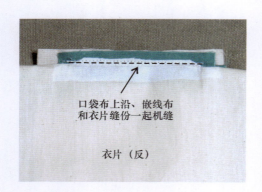

图3-225

(11) 衣片正面嵌线布两侧缉明线封口。如图3-226。

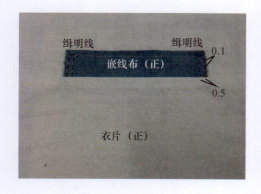

图3-226

(12) 将口袋布两侧双层缝合并锁边。如图3-227。

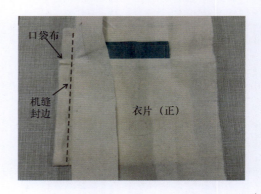

图3-227

（四）有袋盖挖袋（图3-228）

图3-228

(1) 衣片反面袋口位置做袋位标记，并黏衬，衬宽为袋宽+2cm，衬高为3cm。如图3-229。

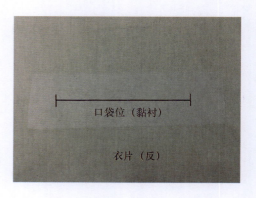

图3-229

（2）依照袋盖样板，使用面料裁剪袋盖面和袋盖里，袋盖面放缝份1cm，袋盖里放缝份1.2cm。在袋盖面的反面黏衬。如图3-230。

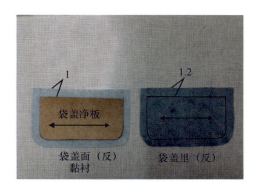

图3-230

（3）用面料裁剪袋垫布，袋垫布宽为袋口大+3cm，袋垫布高为6cm。嵌线布为面料，嵌线布宽为袋口大+2cm，嵌线布高为4cm。使用里料裁剪口袋布，口袋布宽为袋口大+3cm，口袋布高为袋布深×2+4cm。如图3-231。

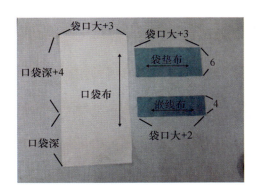

图3-231

（4）将袋盖里和袋盖面用手针绷缝，袋盖里拉紧，然后沿净样线外0.1cm机缝。如图3-232。

（5）修剪缝份至0.5cm，使用硬纸板裁剪成袋盖形，以垫烫方式来规范熨烫线迹，缝份向袋盖里侧倒烫，倒烫线迹过机缝线迹0.1cm。如图3-233。

（6）将袋盖翻至正面，在袋盖里烫出0.1cm的吐出量。如图3-234。

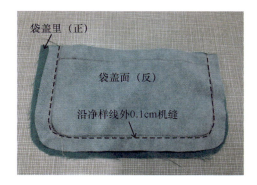

图3-232

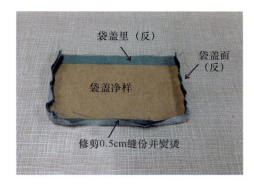

图3-233

图3-234

（7）将嵌线布正面扣压0.1cm在口袋布正面的一端。如图3-235。

图3-235

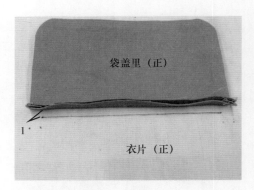

图3-238

（8）将袋垫布正面和口袋布另一端正面相对机缝1cm。如图3-236。

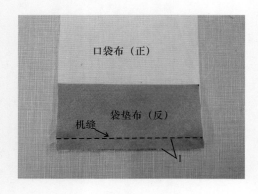

图3-236

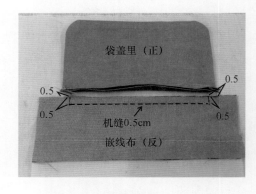

图3-239

（9）在衣片正面把做好的袋盖里按袋口标记机缝。如图3-237。并在此机缝线下1cm的位置。如图3-238。与嵌线布反面上端0.5cm处重合机缝，机缝线迹左右均截止在袋口线丁标记0.4～0.5cm处。如图3-239。

（10）在两道缝合线中间横向剪开，两侧剪至距袋口宽0.5cm处，分别向下纵向和向上斜向开剪口，剪口均截止在离线迹0.1～0.2cm处。如图3-240。将剪开的三角翻向衣片反面熨烫。如图3-241。

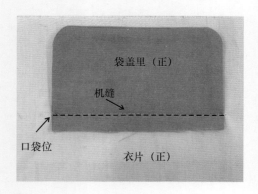

图3-237

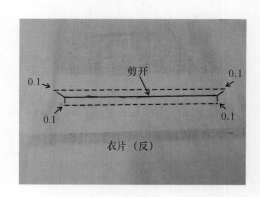

图3-240

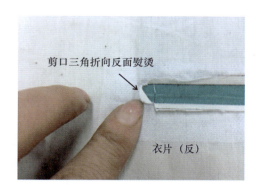

图3-241

(11)在衣片正面从剪口处将袋垫布和口袋布一同翻至衣片反面。如图3-242。

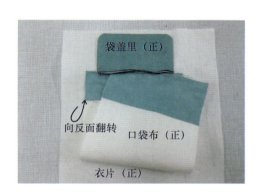

图3-242

(12)在衣片反面掀起口袋布,劈缝烫袋口下端的缝合线。如图3-243。

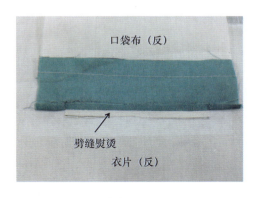

图3-243

(13)在衣片反面将袋盖缝份翻出,嵌线布折线对齐袋盖缝份线迹熨烫,确定嵌线宽。如图3-244。

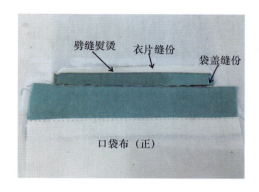

图3-244

(14)在衣片正面掀起袋盖,手针绷缝固定袋口嵌线。如图3-245。

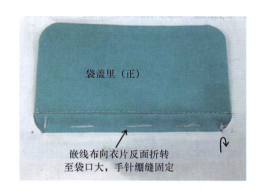

图3-245

(15)从正面灌缝袋盖和口袋布。如图3-246。

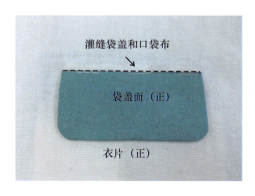

图3-246

（16）在衣片反面掀起口袋布，使袋垫布和袋盖的缝份对齐，衣片正面上端下翻，将露出的袋盖缝头和口袋布一起机缝。如图3-247。

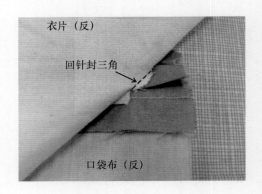

图3-248

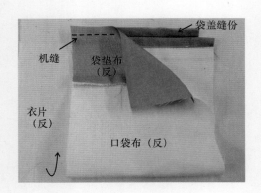

图3-247

（17）分别掀开衣片正面左右两侧，在露出的三角处机缝来回针，使袋口处稳定。如图3-248。

（18）最后左右缝合袋布，袋布锁边。如图3-249。

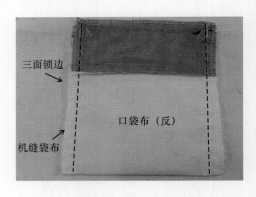

图3-249

第六节　衣领缝制工艺

一、无领

（一）领口贴边的无领（图3-250）

（1）根据领口形状裁剪领贴边，领贴边左右两边长度比领口短0.3cm。将领贴边黏衬。领口边缘也可黏衬1cm，以防变形。除领口外其余部位锁边。如图3-251～图3-253。

（2）前衣片与后衣片在肩线处面面相对，机缝1cm缝份并将缝份劈烫。如图3-254、图3-255。

图3-250

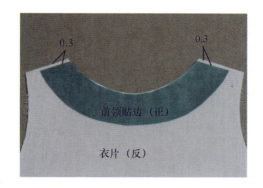

图3-251

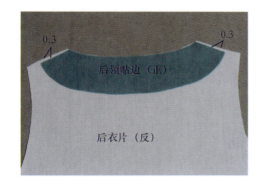

图3-252

图3-253

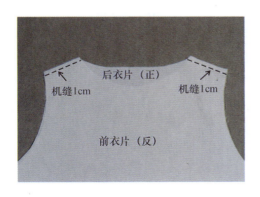

图3-254

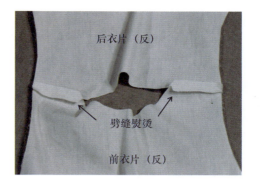

图3-255

（3）前后领贴边在肩线处面面相对，机缝1cm缝份并将缝份劈烫。如图3-256、图3-257。

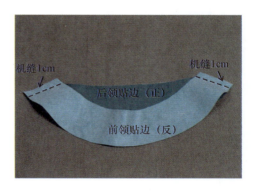

图3-256

图3-257

（4）将机缝好的前后衣片和领贴边正面相对放好，各对位部分对齐，机缝1cm缝份。在领口弧线位置将领贴边稍拉紧机缝，以便使成型后的领口服帖。也可先用手针绷缝一道再机缝。如图3-258。

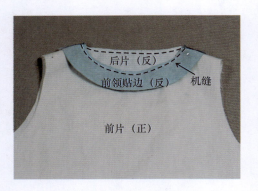

图3-258

（5）将缝头在弧线位置打好剪口。如图3-259。贴边倒向衣片反面，熨烫出0.1cm吐出量。如图3-260。

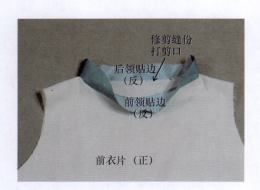

图3-259

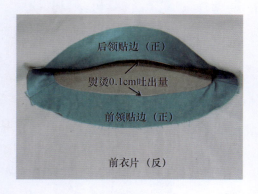

图3-260

（6）用手工三角针在肩缝处将贴边缝份与衣片缝份固定。如图3-261。正面如图3-262。

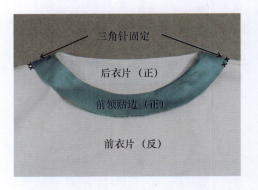

图3-261

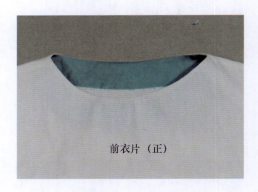

图3-262

（二）领口袖口连贴边的无领（图3-263）

图3-263

（1）根据领口及袖口形状如图裁剪贴边，贴边袖窿及领口处比衣片缝份窄0.3cm，贴边侧缝处比衣片缝份窄0.5cm左右，肩部比领口短0.3cm。将贴边黏衬。领口及袖口边缘也可黏衬1cm，以防变形。除领口袖口肩缝外其余部位锁边。如图3-264、图3-265。

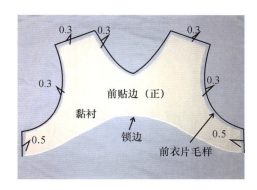

图3-264

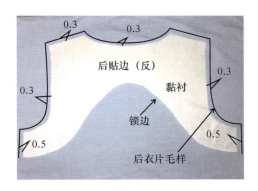

图3-265

（2）机缝贴边前后肩线并劈缝熨烫。如图3-266、图3-267。

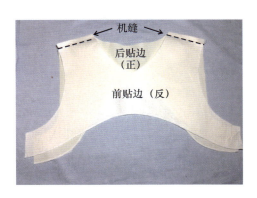

图3-266

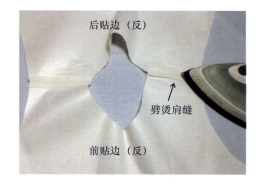

图3-267

（3）机缝前后衣身肩线并劈缝熨烫。如图3-268。

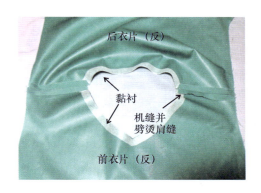

图3-268

（4）将前后衣身和前后贴边面对面对齐对位标记放平，在贴边反面机缝领口。如图3-269。

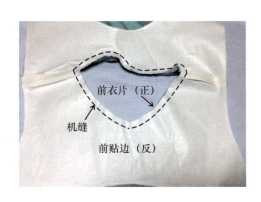

图3-269

（5）在领口弧线部分将贴边稍拉紧，在缝份弧线位置开剪口，以使领口服帖。如图3-270。

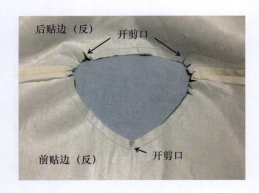

图3-270

（6）将前后贴边翻折至正面，熨烫领口缝合线，并将线迹推向贴边方向，烫0.1cm吐出量。如图3-271。

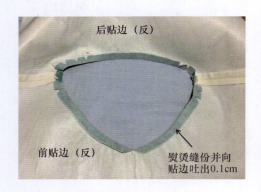

图3-271

（7）将左衣片和贴边按箭头方向分别翻折至右袖窿。如图3-272。

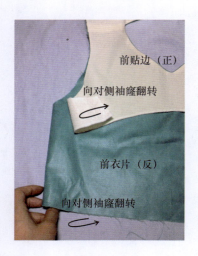

图3-272

（8）在右袖窿外缝合左边衣片和贴边。在缝份弧线位置开剪口并翻折至衣身正面。如图3-273。

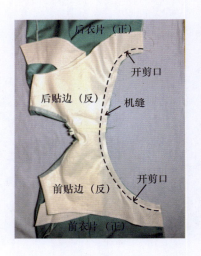

图3-273

（9）将右衣片和贴边同上分别翻折至左袖窿外，缝合衣片和贴边，在缝份弧线位置开剪口。如图3-274。

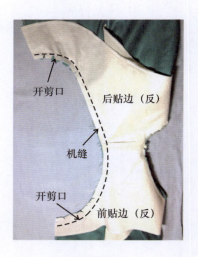

图3-274

（10）贴边翻至正面，熨烫袖窿处，并烫0.1cm吐出量。如图3-275。

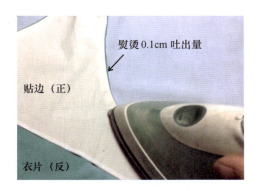

图3-275

图3-278

(11) 掀起贴边机缝前后侧缝,并劈缝熨烫。如图3-276、图3-277。

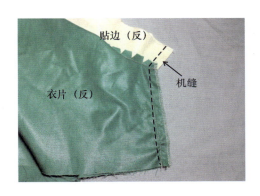

图3-276

图3-279

二、立领(图3-280)

图3-277

(12) 袖窿底部将贴边和侧缝用三角针固定。如图3-278。正面如图3-279。

图3-280

（1）按立领净板裁剪领面和领里，缝份均为1cm，在领面反面净样线内黏衬（树脂衬）。如图3-281。

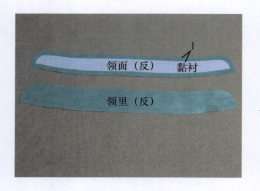

图3-281

（2）将领面和领里面对面放置，从领面反面A点开始沿净样外0.1cm机缝至B点。如图3-282。

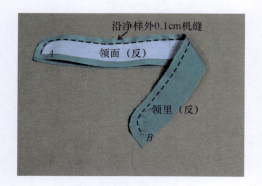

图3-282

（3）掀起领里下端缝份并熨烫。如图3-283。

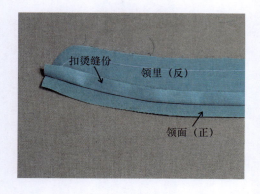

图3-283

（4）将上领口缝份倒向领里熨烫，熨烫线迹过机缝线迹0.1cm。如图3-284。

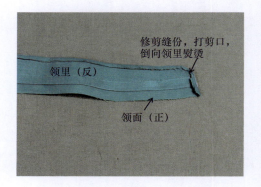

图3-284

（5）将立领翻至正面，在领里烫0.1cm吐出量。如图3-285。

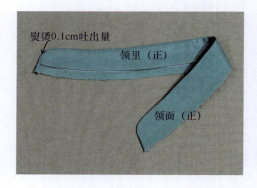

图3-285

（6）领面和衣身按对位标记面对面放置并机缝，缝至两侧领口位置时，要将缝份掀开缝。在缝份上开剪口，以便翻折。如图3-286。

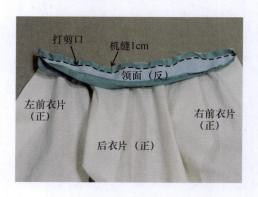

图3-286

（7）将领里翻至正面，从领面机缝明线，注意要缉住领里（也可先手针固定后机缝）。如图3-287。成品如图3-288。

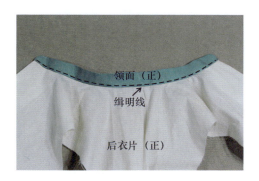

图3-287

图3-288

三、翻领

（一）关门翻领（图3-289）

图3-289

（1）根据样板裁剪领面和领里。领面四周放缝份1cm，领里四周放缝份1.2cm。将领面与领里黏衬。如图3-290。

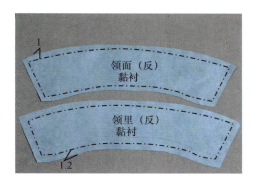

图3-290

（2）领面与领里正面相对，从反面根据净样机缝1cm缝份，要求在机缝时领里略微拉紧，使领面形成自然窝势。如图3-291。

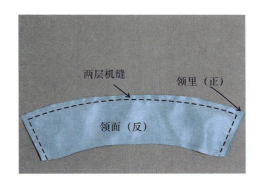

图3-291

（3）裁剪缝份至0.3cm左右。并将缝份分烫，领里缝份倒向领里熨烫。尖角处折叠熨烫。如图3-292。

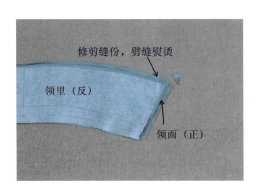

图3-292

（4）将领子翻回正面，向领里熨烫0.1cm的吐出量（可在领面根据款式缉明线）。如图3-293。

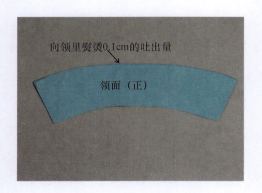

图3-293

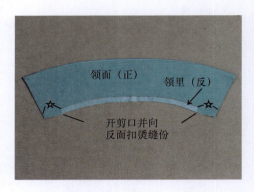

图3-295

（5）将衣片挂面翻折到衣片正面，在挂面领口距离挂面尾端1cm处连同衣片一起剪开1cm剪口。另一边挂面对应点也同样剪开。如图3-294。

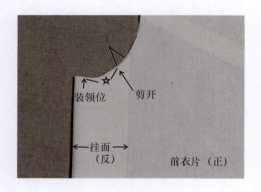

图3-294

图3-296

（6）将衣领夹在挂面与衣片之间，领面与挂面相对，领里与衣片相对。装领位置与衣领端点对齐，肩端点与后中点分别与衣领对位点对齐。在挂面剪开点对应的领面部位同样剪开1cm剪口，并将领面剪口之间部分的缝头折转至衣领内侧扣烫。如图3-295。

（7）将领里正面与衣身正面相对，从装领位置开始机缝1cm缝份至另一边装领位置，领面不缉。如图3-296。

（8）挂面沿门襟止口折转盖住衣领，将衣领夹在挂面与衣片之间，领面与挂面相对，领里与衣片相对，从门襟止口机缝至装领位置。如图3-297。

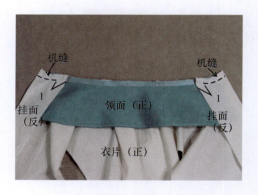

图3-297

（9）将挂面及衣身翻转至正面，将缝头打剪口，朝上放入衣领。如图3-298。从左至右沿领面扣压的缝份边缘压缉0.1cm明线。如图3-299。成品如图3-300。

（二）有底领的衬衫领（图3-301）

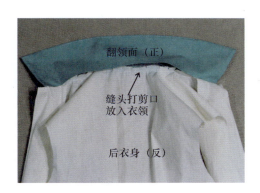

图3-298

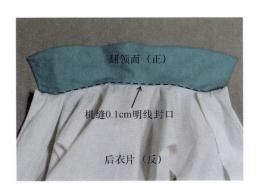

图3-299

图3-301

（1）根据样板裁剪翻领及底领，其领面缝份均为1cm，领里缝份均为1.2cm。将翻领与底领的领面反面根据净样黏领衬（休闲衬衫可以将翻领和底领的领面与领里均黏上黏合衬）。如图3-302。

图3-300

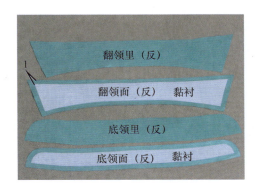

图3-302

（2）将翻领面与翻领里正面相对，从翻领面反面根据净样机缝，注意在缝制时略将翻领里拉紧，以使领形成自然的窝势。如图3-303。

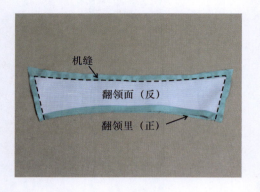

图3-303

（3）如图3-304所示修剪缝份，转角处缝份折叠熨烫。如图3-305。

图3-304

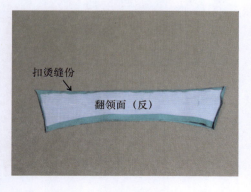

图3-305

（4）翻领翻转到正面，从领里熨烫出自然的窝势，并根据领面修剪领里的缝份。根据款式缉翻领外口明线。如图3-306。

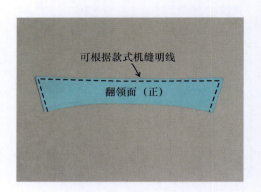

图3-306

（5）底领面下口缝份折转扣烫，并缉0.8cm明线。如图3-307。

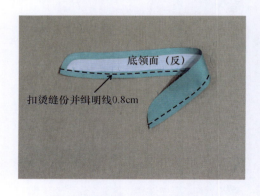

图3-307

（6）将翻领夹在底领的领面和领里中间，其中翻领面正对底领面，翻领里正对底领里，对齐各领子的对位记号，根据底领领面净样先手针绷缝一道，再机缝，如图3-308、图3-309。

（7）剪口并修剪缝份至0.2cm。如图3-310。

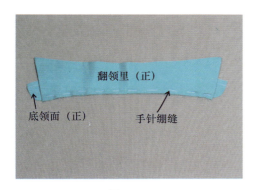

图3-308

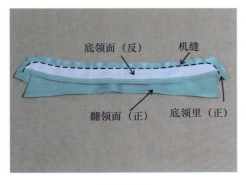

图3-309

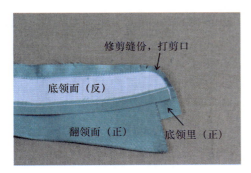

图3-310

（8）衣领翻至正面，如图沿底领上口缉0.1cm明线，止口线迹距翻领1.5cm。如图3-311。

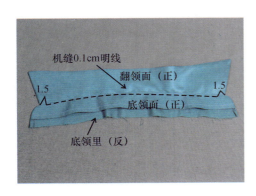

图3-311

（9）底领里与衣身正面相对，对齐肩缝及后中对位点，沿底领下口净样从底领反面机缝1cm缝份。如图3-312。

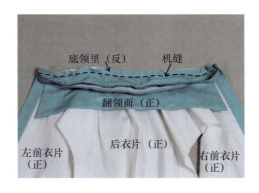

图3-312

（10）将底领面扣转在衣片反面，沿底领边缘一圈缉明线0.1cm。注意与开始的明线相接。如图3-313。成品如图3-314。

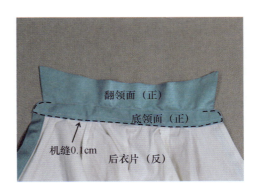

图3-313

图3-314

四、西服领（图3-315）

图3-315

图3-317

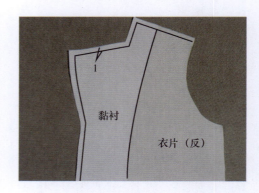

图3-318

（1）根据样板裁剪挂面、领面、领里。挂面、领面缝份为1cm，领里外口处缝份0.8cm，串口及下口处1cm。在挂面反面、领面反面黏衬，挂面边缘锁边。如图3-316、图3-317。

（2）前衣片反面驳头位置黏衬。注意：有里子的西服，前衣片需要大面积烫衬；没有里子的西服，前衣片的衬仅烫至驳头位置；薄料无里子的西服，驳头可不烫衬。如图3-318。

（3）领面正对挂面正面，按标记机缝，机缝时挂面在串口拐角处开剪口。如图3-319、图3-320。

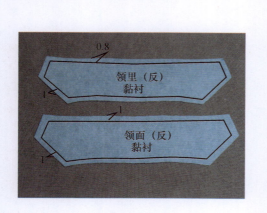

图3-316

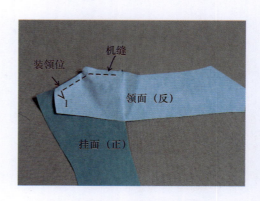

图3-319

（6）领里正面对衣身正面按标记机缝。如图3-323。

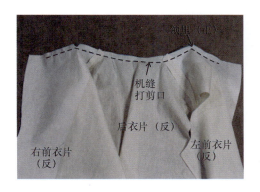

图3-323

（7）缝头打剪口并劈缝熨烫。如图3-324。

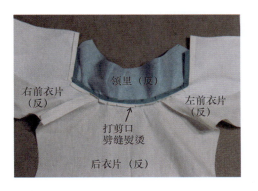

图3-324

（8）挂面正面和衣身正面相对，手工针固定装领止点。按标记手针绷缝领外口，注意在领口止点将缝头掀起绷缝。如图3-325。

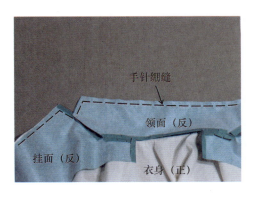

图3-325

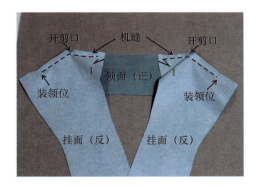

图3-320

（4）劈缝烫挂面缝合线，缝头处打剪口。挂面肩部缝份折转熨烫。如图3-321。

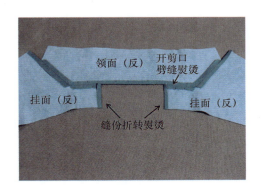

图3-321

（5）将前后衣片肩缝缝合，劈缝熨烫。如图3-322。

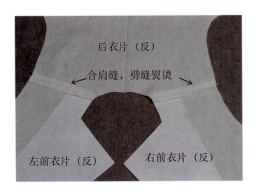

图3-322

(9)根据绷缝线进行机缝,在驳口线以上机缝线在绷缝线外0.1cm,在驳口线下机缝线在绷缝线内0.1cm。如图3-326。

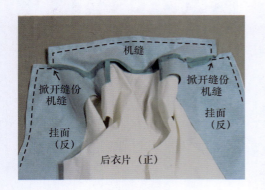

图3-326

(10)修剪缝份并在领口弧线位置打剪口,分烫缝头,转角处折叠熨烫。如图3-327。

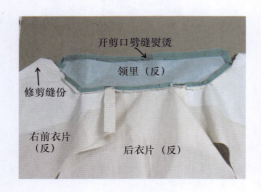

图3-327

(11)领外口缝份倒向领里,在领里正面将领里和缝份同时机缝0.1cm明线。如图3-328。

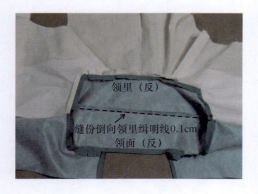

图3-328

(12)衣身翻至正面熨烫,将缝份线迹在驳口线以上向衣片方向烫进0.1cm,驳口线以下向挂面方向烫进0.1cm。如图3-329。

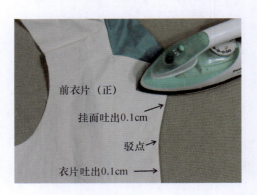

图3-329

(13)手针缲缝领面下口缝头,也可机缝0.1cm明线。挂面肩线缝头用手针缲缝固定在前片肩线缝头上。如图3-330。成品如图3-331。

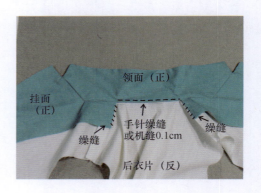

图3-330

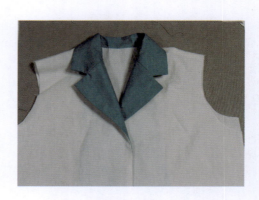

图3-331

本章小结

■本章是全书的重点内容,采用实物照片展示服装各种常用零部件的基本缝制方法,包括省和褶裥、门襟、开衩、拉链、口袋、衣领等六大部分。整件服装的制作是由各个零部件组合而成,因此服装基础工艺训练中,对这些零部件的缝制过程的熟练掌握就是一个重点环节,需要同学们去熟练掌握,并在这些基础工艺上举一反三,摸索出更多的方法以及将这些方法用到服装制作的各个环节。

思考题

1. 服装中省和褶裥用在哪些地方,不同方式制作出来的省和褶裥在外观和功能上有什么不同?
2. 不同款式的服装门襟有什么不一样?无领和有领的服装在门襟的要求上有什么不同?
3. 开衩除运用在袖子和裙摆,还有什么部位可以运用?还有哪些形式的开衩可以借鉴这些方式?
4. 除基本开袋方式以外,类似的开袋还有什么不一样的地方?
5. 衣领缝制完成后的外观质量要求如何?

练习题

1. 各种省道和褶裥各做两个。
2. 各种门襟各做两个。
3. 各种开衩各做两个。
4. 各种拉链各做两个。
5. 各种口袋各做两个。
6. 各种衣领各做两个。

应用理论与实践——

服装整件缝制工艺

> **课题名称**：服装整件缝制工艺
> **课题内容**：1. 不挂里西服裙缝制工艺
> 　　　　　　2. 女衬衫缝制工艺
> 　　　　　　3. 男衬衫缝制工艺
> 　　　　　　4. 男休闲西裤（简做）缝制工艺
> **学习目的**：通过不挂里西服裙、女衬衫、男衬衫、男休闲西裤的缝制，了解成品的工艺流程，将第三章学习的零部件制作工艺运用到整件的制作过程当中，并能够举一反三，融会贯通。
> **课题重点**：1. 了解不挂里西服裙、女衬衫、男衬衫、男休闲西裤的外观、工艺流程。
> 　　　　　　2. 学习基础服装的制作方法，并掌握基本服装检验标准。
> **工具材料准备**：1. 工具：剪刀、尺子、划粉、手工针、牛皮纸等。
> 　　　　　　　　2. 材料：白坯布、面料、里料、缝纫线、拉链、纽扣等。

第四章　服装整件缝制工艺

第一节　不挂里西服裙缝制工艺

一、款式特点

（一）平面款式图（图4-1）

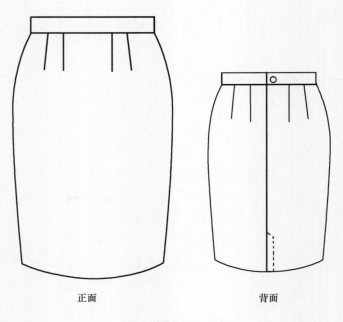

正面　　　　　　　背面

图4-1

（二）款式说明

该款式为基本款不挂里西服裙，前后片均分布四个省道，后中上隐形拉链，后裙摆开衩，多用于较为正式的场合或上班服饰。

二、平面结构图

（一）成品规格设计（表4-1）

号型：160/66A　　　　表4-1　不挂里西服裙成品规格设计　　　　单位：cm

部位	裙长	腰围（W）	臀围（H）
规格	47	66	88

（二）平面结构图（图4-2）

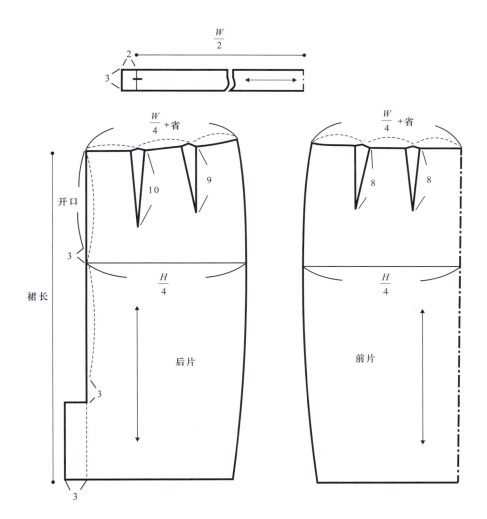

图4-2

三、样板放缝及排料图（图4-3）

（一）样板放缝

腰面和腰里连裁并放缝份1cm，裙底边放缝份3.5cm，其余放缝份1cm。

（二）排料

面料幅宽114cm，对折排料，用料76cm。公式：腰带长+10cm（一般用料公式为裙长+10cm。本款裙长较短，所以采用腰带长度）。

四、工艺流程图（图4-4）

五、制作过程

（一）黏衬、锁边

黏衬部位：腰带、后片开衩部位、后片绱拉链部位（具体部位详见第三章部件制作）。

锁边部位：除腰带、前后裙片腰围线外均需锁边。

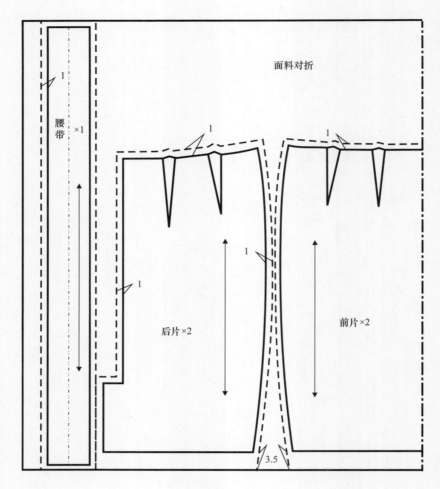

图4-3

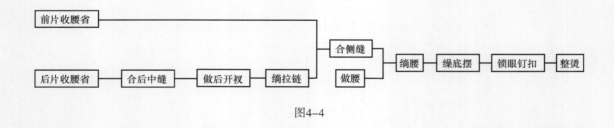

图4-4

（二）缝制

1. 收腰省

将前后裙片省道缝合并向裙中缝烫倒。如图4-5、图4-6。

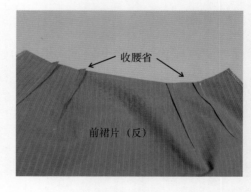

图4-5

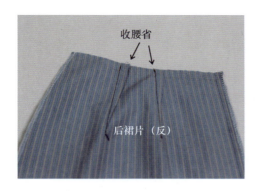

图4-6

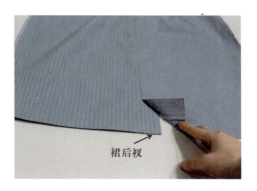

图4-9

2. 合后中缝

左右后裙片正面相对，从拉链止口开始机缝至开衩止点，缉来回针，然后劈缝熨烫。如图4-7、图4-8。

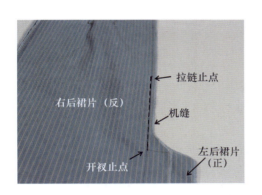

图4-7

图4-10

5. 合侧缝

将前裙片和后裙片正面相对，侧缝对齐，缉缝份1cm。如图4-11。

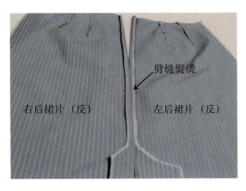

图4-8

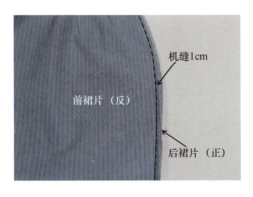

图4-11

3. 做裙后衩

见第三章不挂里裙后衩。如图4-9。

4. 绱拉链

见第三章隐形拉链。如图4-10。

6. 做腰

将腰反面黏衬，向反面扣烫腰面下口1cm缝份。如图4-12。将腰面沿中线折转，扣烫平整。如

图4-13。

（2）根据腰宽反向折转腰头，将腰头两端封口。如图4-15、图4-16。

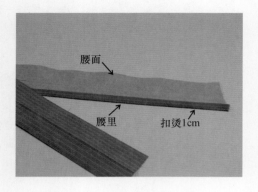

图4-12

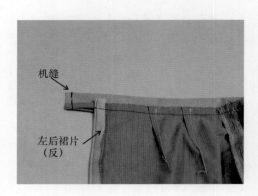

图4-15

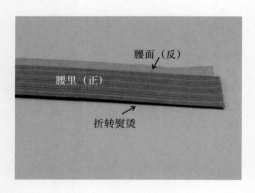

图4-13

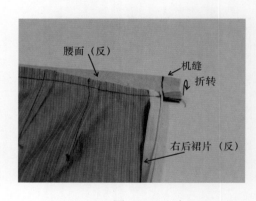

图4-16

7. 绱腰

（1）腰面正面与门襟正面相对，按照1cm缝份缝合。如图4-14。

（3）把腰里翻正，放平，从腰面缉0.2cm明线。如图4-17。腰头完成。如图4-18。

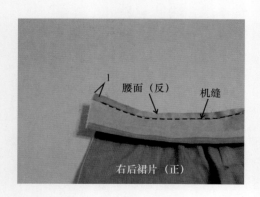

图4-14

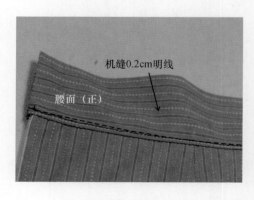

图4-17

图4-18

图4-21

8. 缲底摆

底摆缲三角针,针距0.8～1cm。如图4-19。

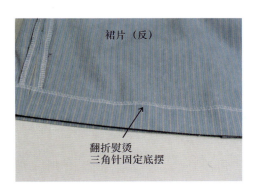

图4-19

（三）整烫

1. 整烫顺序（图4-22）

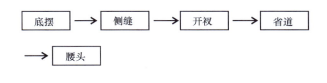

图4-22

2. 整烫技术要领及要求

（1）正面熨烫加盖烫布,喷水烫平。

（2）熨斗直上直下熨烫,防止裙片变形。

（3）黏合衬的部位要坚挺平服,如腰头等部位。

（4）应当烫死的部位要熨烫充分,有持久性,如底摆。

（5）衣身表面无褶皱、无凹凸不平,无烫黄、变色、极光。

9. 锁眼钉扣

后腰腰头门襟居中横锁扣眼一个,后腰腰头里襟对应位置钉纽扣一粒。如图4-20。

成品如图4-21。

图4-20

六、质检要求（根据《国家服装质量监督检验检测工作技术标准实施手册》部分摘录）

（一）不挂里西服裙外型检验（表4-2）

表4-2　不挂里西服裙外型检验

序号	外型要求
1	裙腰顺直平服，左右宽窄一致，缉线顺直，不吐止口
2	前后省距离大小、左右相同，前后腰身大小、左右相同
3	纽扣与扣眼位置准确，拉链松紧适宜平服，不外露
4	侧缝顺直，松紧适宜，吃势均匀
5	裙摆折边顺贴，缲边牢固无外露
6	后衩平服无搅豁，里外长短一致

（二）不挂里西服裙缝制检验（表4-3）

表4-3　不挂里西服裙缝制检验

序号	缝制要求
1	面料丝缕和倒顺毛原料顺向一致，图案花型配合相适宜
2	面料与黏合衬黏合不应脱胶、不渗胶、不引起面料变色、不引起面料皱缩
3	钉扣平挺，结实牢固，不外露。纽扣与扣眼位置大小配合相适宜
4	机缝牢固、平整、宽窄适宜
5	各部位线路清晰、顺直，针迹密度一致
6	针迹密度：明线不少于14针/3cm，暗线不少于13针/3cm，手缲针不少于7针/3cm，锁眼不少于8针/1cm

（三）不挂里西服裙规格检验（表4-4）

表4-4　不挂里西服裙规格检验

序号	测量部位	测量方法	极限偏差（cm）
1	裙长	由腰上端，沿侧缝量至底摆	±1.0
2	后中长	由腰上端，沿后中线量至底摆	±1.0
3	腰围	沿腰带中心，从左至右横量（周围计算）	±1.5
4	臀围	沿臀部位置，从左至右横量（周围计算）	±2.0
5	裙摆围	沿裙摆围量一周	±2.0

第二节 女衬衫缝制工艺

一、款式特点

（一）平面款式图（图4-23）

正面　　　　　　　　背面

图4-23

（二）款式说明

该款式为基本款女式衬衫，方形小翻领，五粒扣，前片纵向分割，下摆抽褶。后片纵向分割，下摆抽褶。灯笼短袖，绱袖克夫。

二、平面结构图

（一）成品规格设计（表4-5）

号型：160/84A　　　　　表4-5　女衬衫成品规格设计　　　　　单位：cm

部位	衣长	胸围（B）	领围	肩宽（S）	腰围（W）	袖长
规格	48	90	37	37	74	22

（二）平面结构图（图4-24）

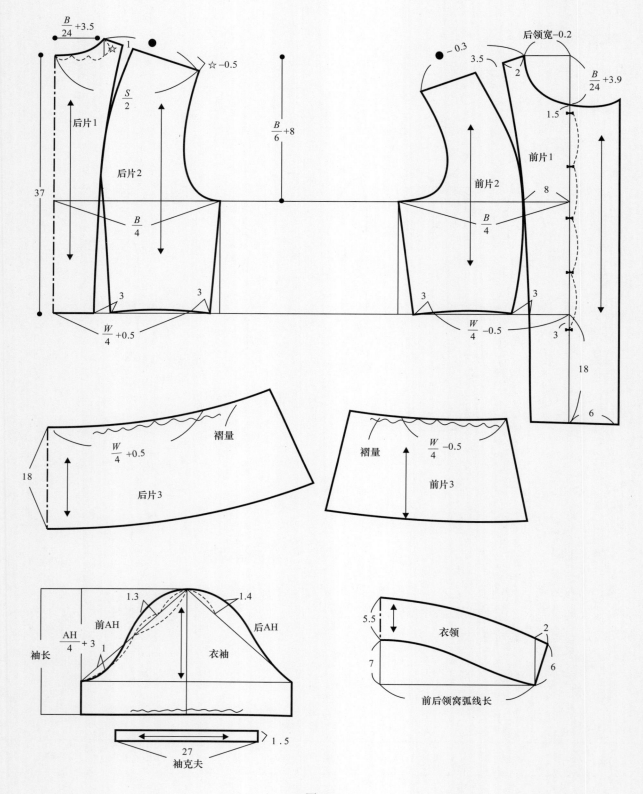

图4-24

三、样板放缝及排料图（图4-25）

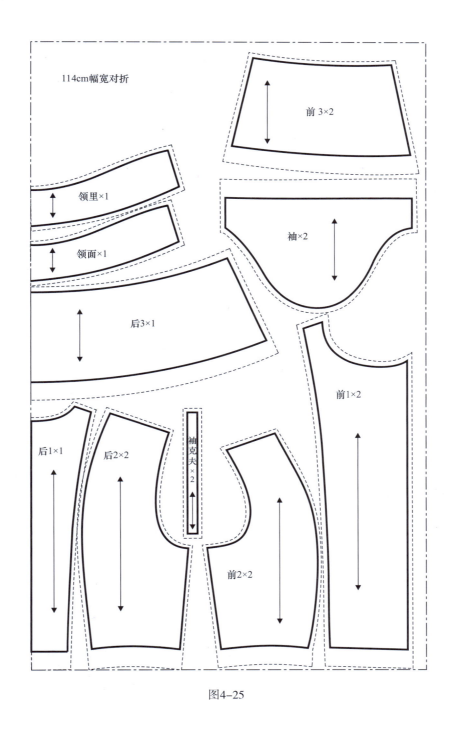

图4-25

（一）样板放缝

底摆放缝份2.5cm，其余放缝份1cm。

（二）排料

面料幅宽114cm，对折排料，用料100cm。公式：衣长+袖长+30cm。

四、工艺流程图（图4-26）

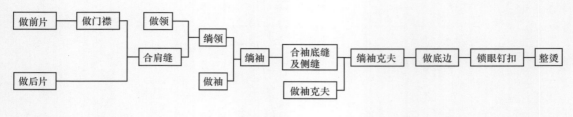

图4-26

五、制作过程

（一）黏衬、锁边

黏衬部位：门襟、里襟、衣领、袖克夫。
锁边部位：女衬衫可边做边锁边。

（二）缝制

1. 做前衣片

（1）将前衣片分片。如图4-27。

图4-27

（2）将右前衣片3上口根据右前衣片2的长度抽碎褶。如图4-28。

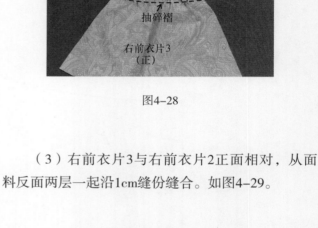

图4-28

（3）右前衣片3与右前衣片2正面相对，从面料反面两层一起沿1cm缝份缝合。如图4-29。

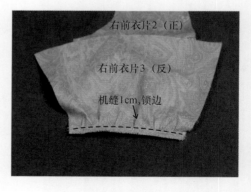

图4-29

(4)将缝份倒向右前衣片2,从右前衣片2正面坐缉0.1cm明线。如图4-30。

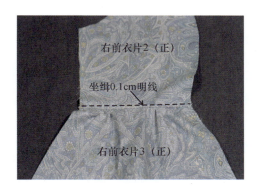

图4-30

(5)将右前衣片2与右前衣片1正面相对,沿1cm缝份缝合,锁边。如图4-31。

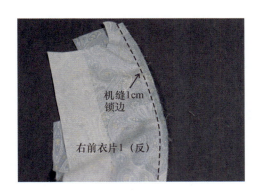

图4-31

(6)将缝份倒向右前衣片2,从右前衣片2正面坐缉0.1cm明线。如图4-32。左前衣片与右前衣片做法相同。

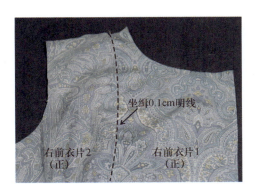

图4-32

2. 做门襟

将门襟折转与衣片正面相对,底摆按净样线缝合,然后翻转至正面熨烫。如图4-33、图4-34。

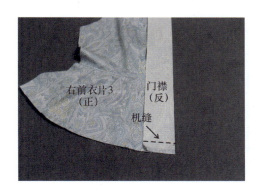

图4-33

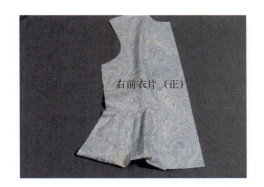

图4-34

3. 做后衣片

(1)将后衣片分片。如图4-35。

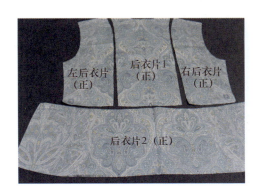

图4-35

（2）将右后衣片与后衣片1正面相对，沿1cm缝份缝合。如图4-36。

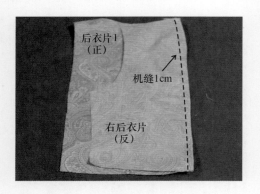

图4-36

（3）将缝份倒向右后衣片并从面料正面坐缉0.1cm明线。左后衣片做法相同。如图4-37。

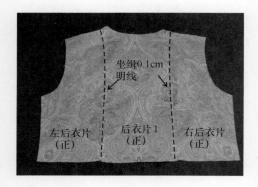

图4-37

（4）右后衣片2上口线根据后衣片的长度抽碎褶。如图4-38。

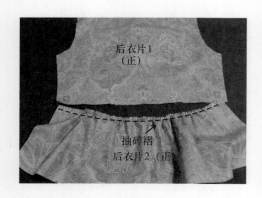

图4-38

（5）将后衣片2与后衣片1正面相对，从面料反面沿1cm缝份缝合。如图4-39。

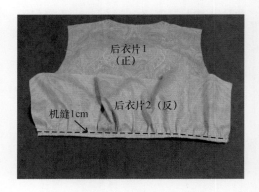

图4-39

（6）将缝份倒向后衣片1，从后衣片1正面坐缉0.1cm明线。如图4-40。

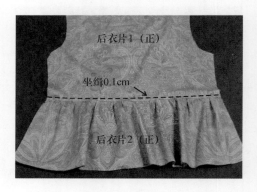

图4-40

4. 合肩缝

将前片与后片正面相对，缝合肩缝1cm，两层一起锁边。将缝份倒向后衣片熨烫。如图4-41。

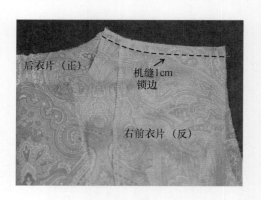

图4-41

5. 做领、绱领

具体步骤详见第三章翻领。如图4-42。

图4-42

6. 做袖、绱袖

（1）将袖口根据袖口长度抽碎褶，两边留出1cm缝份。如图4-43。

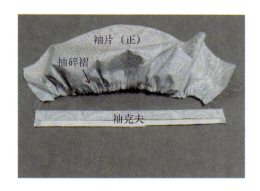

图4-43

（2）将袖山弧线根据袖窿弧线的长度抽吃势，两边留出1cm缝份。如图4-44。

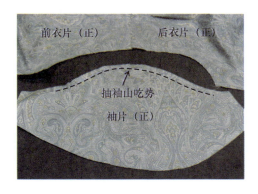

图4-44

（3）然后袖山与袖窿正面相对，沿1cm缝份缝合，将缝份倒向后衣身并锁边。如图4-45。

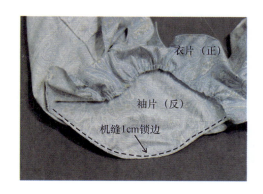

图4-45

7. 合袖底缝及侧缝

将袖片及前后衣身正面相对，袖底十字缝对齐，缝合袖底缝和侧缝。如图4-46。

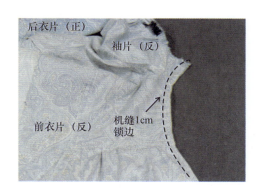

图4-46

8. 做袖克夫

（1）将袖克夫面向反面扣烫1cm。如图4-47。

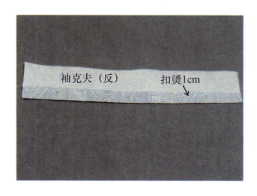

图4-47

（2）再根据中线折转熨烫。如图4-48。

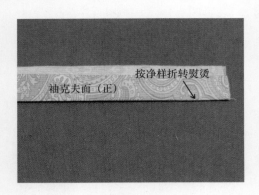

图4-48

（3）打开将袖克夫根据净样线从反面对接缝合，缝份劈开熨烫。然后再折转熨烫平整。如图4-49。

图4-49

9. 缉袖克夫

（1）将袖克夫里正面与袖子反面相对，沿袖口根据净样机缝一道。如图4-50。

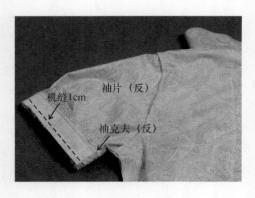

图4-50

（2）再将袖克夫翻转至衣袖正面，扣压0.1cm明线，注意压住刚才机缝的缝迹线。如图4-51。袖克夫也可以直接将袖口缝份扣烫，然后夹住袖口，三层一起机缝。

图4-51

10. 做底摆

底摆锁边，折转2cm扣烫并沿上口缉0.1cm明线。如图4-52。

图4-52

11. 锁眼钉扣

前门襟锁平头扣眼五个，里襟相对应位置钉纽扣五粒。如图4-53。

图4-53

(三)整烫

1. 整烫顺序(图4-54)

2. 整烫技术要领及要求

(1)熨烫时喷水反面熨烫。

(2)黏合衬的部位要坚挺平服,如衣领、门襟等部位。其中衣领要烫出窝势。

(3)应当烫死的部位要熨烫充分,有持久性,如底摆。

(4)衣身表面无褶皱、无凹凸不平,无烫黄、变色、极光。

六、质检要求(根据《国家服装质量监督检验检测工作技术标准实施手册》部分摘录)

(一)女衬衫外型检验(表4-6)

图4-54

表4-6 女衬衫外型检验

序号	外型要求
1	门襟平挺,左右两边底摆外型一致,无搅豁
2	胸部挺满,省缝顺直,高低一致,省尖无泡形
3	不爬领、荡领,翘势应准确
4	前领丝缕正直,领面松紧适宜,左右两边丝缕须一致,领平服自然
5	两袖垂直,前后一致,长短相同,左右袖口大小一致,袖口宽窄左右相同
6	袖隆圆顺,吃势均匀,前后无吊紧曲皱
7	袖克夫平服,不拧不皱
8	肩头宽窄、左右一致,肩头平服,肩缝顺直,吃势均匀
9	背部平服,背缝挺直,左右格条或丝缕须对齐
10	摆缝顺直平服,松紧适宜
11	底摆平服顺直,卷边宽窄一致

(二)女衬衫缝制检验(表4-7)

表4-7 女衬衫缝制检验

序号	缝制要求
1	面料丝缕和倒顺毛原料顺向一致,图案花型配合相适宜
2	面料与黏合衬黏合不应脱胶、不渗胶、不引起面料变色、不引起面料皱缩

序号	缝制要求
3	钉扣平挺、结实牢固，不外露。纽扣与扣眼位置大小配合相适宜
4	机缝牢固、平整、宽窄适宜
5	各部位线路清晰、顺直，针迹密度一致，双明线间距相等
6	针迹密度：明线不少于14针/3cm，暗线不少于13针/3cm，手缲针不少于7针/3cm，锁眼不少于8针/1cm

（三）女衬衫规格检验（表4-8）

表4-8　女衬衫规格检验

序号	测量部位	测量方法	极限偏差（cm）
1	衣长（后身长）	由后身中央装领线量至底摆	±1.0
2	前身长	由前身装领线与肩缝交叉点，经胸部最高点量至底摆	±1.0
3	肩宽	由左肩端点沿后身量至右肩端点	±1.0
4	全胸围	扣好纽扣，前后身摊平，沿袖隆底缝横量（周围计算）	±2.0
5	袖长	由肩端点沿袖外侧量至袖口边	±1.0
6	袖口围	沿袖口边缘围量一周	±1.0

（四）女衬衫对条对格检验（表4-9）

表4-9　女衬衫对条对格检验

序号	部位名称	对条对格互差（cm）
1	左右前身	条料对条、格料对横，互差不大于0.3
2	袖与前身	袖肘线以上与前身格料对横，两袖互差不大于0.5
3	袖缝	袖肘线以下前后袖缝格料对横，互差不大于0.3
4	背缝	条料对条、格料对横，互差不大于0.2
5	背缝与后颈面	条料对条，互差不大于0.2
6	领	领尖左右对称，互差不大于0.2
7	侧缝	袖隆下10cm处，格料对横，互差不大于0.3
8	袖	条格顺直，以袖山为准，两袖互差不大于0.5

（五）女衬衫对称部位检验（表4-10）

表4-10　女衬衫对称部位检验

序号	对称部位	极限互差（cm）
1	领尖大小	0.3
2	袖（左右、长短、大小）	0.5

第三节 男衬衫缝制工艺

一、款式特点

（一）平面款式图（图4-55）

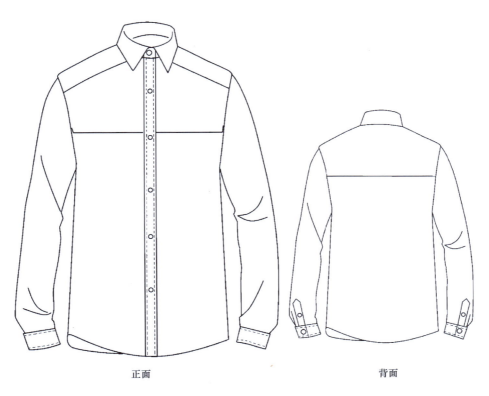

正面　　　　　　　　　　背面

图4-55

（二）款式说明

该款式为基本款男式休闲衬衫，尖角翻立领，前片横向褶裥，装饰扣两粒，明门襟，后背过肩，方下摆，装袖，袖口三个褶裥，绱袖克夫。

二、平面结构图

（一）成品规格设计（表4-11）

号型：175/92A　　　表4-11　男衬衫成品规格设计　　　单位：cm

部位	衣长	胸围（B）	领围	肩宽（S）	袖长
规格	76	112	40	48	62

（二）平面结构图（图4-56）

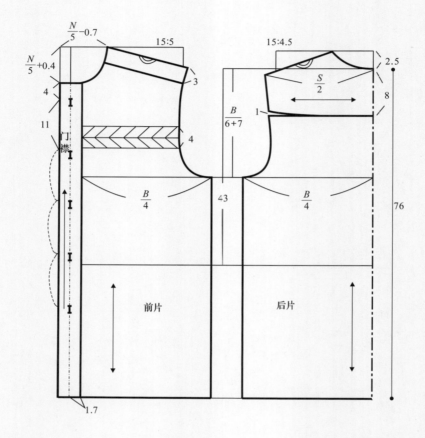

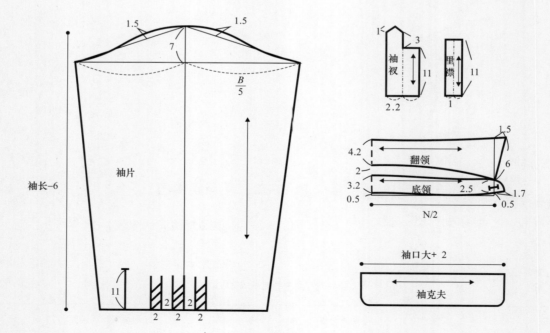

图4-56

三、样板放缝及排料图（图4-57）

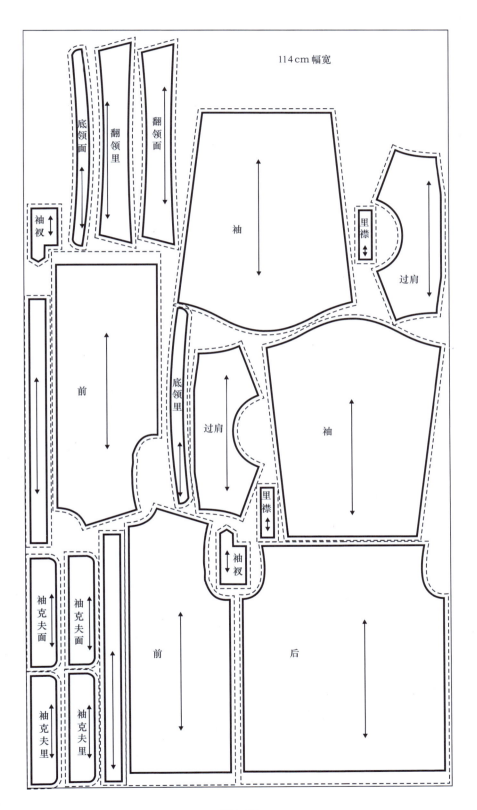

图4-57

（一）样板放缝

底摆缝份2cm，袖窿缝份0.8cm，其余放缝份1cm。

（二）排料

面料幅宽114cm，单层排料，用料180cm。公式：衣长×2+35cm。

四、工艺流程图（图4-58）

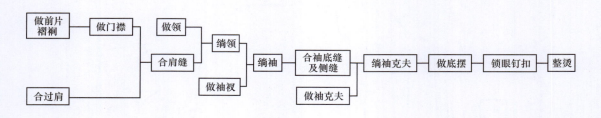

图4-58

五、制作过程

（一）黏衬、锁边

黏衬部位：门襟、衣领、袖衩、袖克夫。

锁边部位：衣身可边做边锁边，部件参见第三章。

（二）缝制

1. 做前片褶裥

根据前片纸样将胸前褶裥折叠熨烫，缉2cm明线。如图4-59。

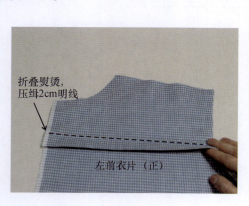

图4-59

2. 做前片门襟及里襟

具体做法见第三章男衬衫门襟。如图4-60、图4-61。

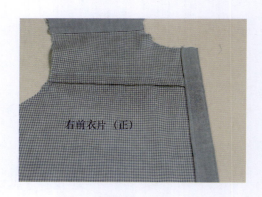

图4-60

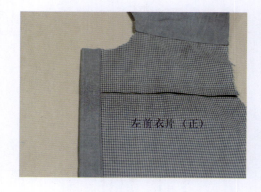

图4-61

3. 合过肩

（1）将过肩里正面朝上放置，再将后片正面朝上放置在过肩里的上方。过肩面的反面朝上放置在后片上，三层一起沿1cm缝份缝合。如图4-62。

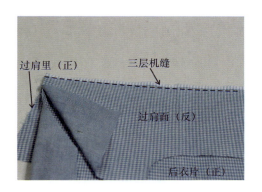

图4-62

（2）将过肩面翻至正面，缝份倒向过肩缉0.1cm明线。将两层过肩修剪整齐。如图4-63。

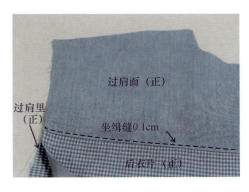

图4-63

4. 合肩缝

（1）将过肩里与前片正面相对，在肩缝处缝合。如图4-64。

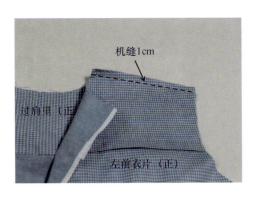

图4-64

（2）再将缝份倒向过肩，将过肩面扣烫0.8cm缝份并扣压在前片正面，缉明线0.1cm并盖住肩缝。如图4-65、图4-66。

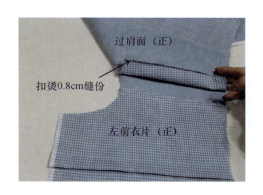

图4-65

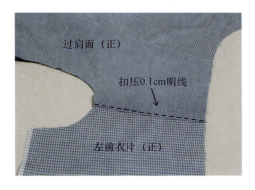

图4-66

5. 做领、绱领

详见第三章有底领的衬衫领的做法。如图4-67。

图4-67

6. 做袖衩

详见第三章剑式衩的做法。如图4-68。

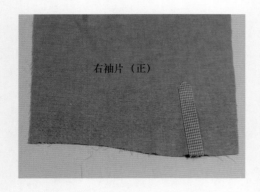

图4-68

7. 绱袖

（1）将袖山与袖窿正面相对，沿净样线缝合袖山与袖窿，缝份0.8cm。如图4-69。

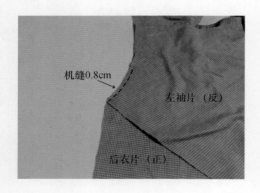

图4-69

（2）然后双层锁边，缝份倒向衣袖。如图4-70。

图4-70

8. 合袖底缝及侧缝

将袖底缝和侧缝正面相对，袖窿十字位对齐，沿1cm缝份缝合，锁边，缝份倒向后片。如图4-71。

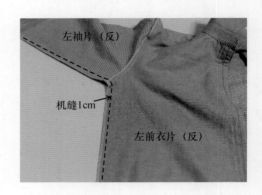

图4-71

9. 做袖克夫

（1）袖克夫面、袖克夫里根据净样裁剪，放缝份1cm，袖克夫面反面按净样黏衬。如图4-72。

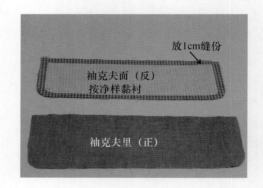

图4-72

（2）将袖克夫面上口缝份折转烫向反面。如图4-73。

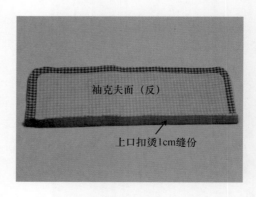

图4-73

（3）再将袖克夫面和袖克夫里的正面相对，掀开袖克夫面的缝份，沿袖克夫面净样机缝外沿。缝制过程中将袖克夫里稍拉紧。如图4-74。

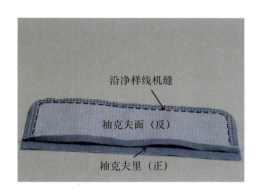

图4-74

（4）修剪袖克夫缝份至0.5cm后，将袖克夫翻出正面熨烫，注意袖克夫面比袖克夫里多熨烫出0.1cm的吐出量，以产生自然窝势。如图4-75、图4-76。

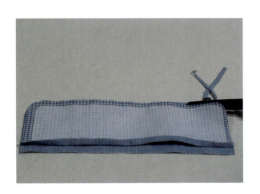

图4-75

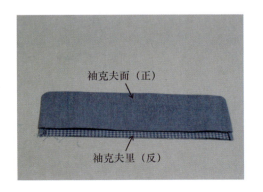

图4-76

10. 固定袖口褶裥

将袖口褶裥按照风琴褶的方式折叠，褶裥上方机缝0.5cm明线固定。如图4-77。

图4-77

11. 绱袖克夫

（1）将袖衩两端做好对位标记，将袖克夫里的正面与衣袖反面袖口对齐，掀开端头缝份，沿袖口净样机缝一道。如图4-78。

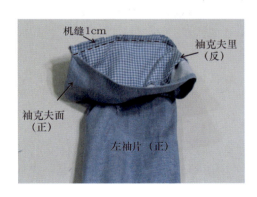

图4-78

（2）然后将袖克夫翻至衣袖正面，缝份塞足，沿上口机缝0.1cm明线。如图4-79。袖克夫也可以将上口缝份均扣烫后直接夹住袖口，缝份塞足，沿上口机缝。

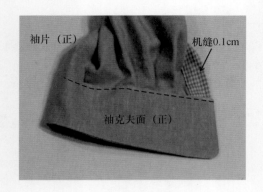

图4-79

图4-82

（3）在袖克夫表面缉0.6cm宽双明线。如图4-80。

图4-80

12. 卷底摆

底摆按缝份做卷边缝。如图4-81。

13. 锁眼、钉扣（图4-82）

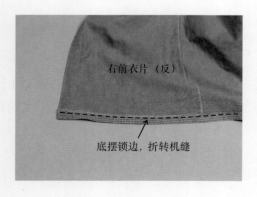

图4-81

（1）底领处横锁扣眼一个，扣眼高低位于底领宽居中。门襟居中竖锁扣眼五个。两袖克夫门襟头横锁扣眼各一个，两袖衩处锁扣眼各一个。

（2）在锁眼位相对位置，底领里襟钉扣一粒，衣片里襟钉扣五粒。两袖克夫里襟钉扣各一粒，两小袖衩处钉扣各一粒。另前衣片褶裥钉两粒装饰扣。

（三）整烫

1. 整烫顺序（图4-83）

图4-83

2. 整烫技术要领及要求

（1）熨烫时喷水反面熨烫或根据面料质地加盖烫布。

（2）黏合衬的部位要坚挺平服，如衣领、门襟等部位。其中翻领要烫出窝势。

（3）应当烫死的部位要熨烫充分，有持久性，如底摆。

（4）衣身表面无褶皱、无凹凸不平，无烫黄、变色、极光。

六、质检要求（根据《国家服装质量监督检验检测工作技术标准实施手册》部分摘录）

（一）男衬衫外型检验（表4-12）

表4-12 男衬衫外型检验

序号	外型要求	序号	外型要求
1	门襟平挺，左右两边底摆外型一致（圆、平摆），无搅豁	6	肩头平服，肩缝顺直，吃势均匀
2	领窝平服，前领丝缕正直，领面松紧适宜，底领无外露，左右底领对称	7	肩头宽窄、左右一致
3	两袖垂直，前后一致，长短相同，左右袖口大小、袖衩高低一致，袖口宽窄左右相同	8	背部平服，左右格条或丝缕须对齐
4	袖隆圆顺，吃势均匀，前后无吊紧曲皱	9	摆缝顺直平服，松紧适宜
5	袖口平服齐正，扣位正确	10	底摆平服顺直，贴边宽窄一致

（二）男衬衫缝制检验（表4-13）

表4-13 男衬衫缝制检验

序号	缝制要求	序号	缝制要求
1	面料丝缕和倒顺毛原料顺向一致，图案花型配合相适宜	4	机缝牢固、平整、宽窄适宜
2	面料与黏合衬黏合不应脱胶、不渗胶、不引起面料变色、不引起面料皱缩	5	各部位线路清晰、顺直，针迹密度一致，双明线间距相等
3	钉扣平挺，结实牢固，不外露。纽扣与扣眼位置大小配合相适宜	6	针迹密度：明线不少于14针/3cm，暗缝不少于13针/3cm，手缲针不少于7针/3cm，锁眼不少于8针/1cm

（三）男衬衫规格检验（表4-14）

表4-14 男衬衫规格检验

序号	测量部位	测量方法	极限偏差（cm）
1	衣长（后身长）	由后身中央装领线量至底摆	±1.0
2	前身长	由前身装领线与肩缝交叉点，经胸部最高点量至底摆	±1.0
3	肩宽	由左肩端点沿后身量至右肩端点	±1.0
4	全胸围	扣好纽扣，前后身摊平，沿袖隆底缝横量（周围计算）	±2.0
5	袖长	由肩端点沿袖外侧量至袖口边	±1.0
6	统袖长	（1）由后领中心通过肩端点量至袖口边缘 （2）由装领线与肩缝交叉点通过肩端点量至袖口边缘	±1.0
7	袖口围	沿袖口边缘围量一周	±1.0

（四）男衬衫对条对格检验（表4-15）

表4-15 男衬衫对条对格检验

序号	部位名称	对条对格互差（cm）	序号	部位名称	对条对格互差（cm）
1	左右前身	条料对条、格料对横，互差不大于0.3	5	背缝与后颈面	条料对条，互差不大于0.2
2	袖与前身	袖肘线以上与前身格料对横，两袖互差不大于0.5	6	领	领尖左右对称，互差不大于0.2
3	袖缝	袖肘线以下前后袖缝格料对横，互差不大于0.3	7	侧缝	袖隆下10cm处，格料对横，互差不大于0.3
4	背缝	条料对条、格料对横，互差不大于0.2	8	袖	条格顺直，以袖山为准，两袖互差不大于0.5

（五）男衬衫对称部位检验（表4-16）

表4-16 男衬衫对称部位检验

序号	对称部位	极限互差（cm）
1	领尖大小	0.3
2	袖（左右、大小、长短）	0.5

第四节 男休闲西裤（简做）缝制工艺

一、款式特点

（一）平面款式图（图4-84）

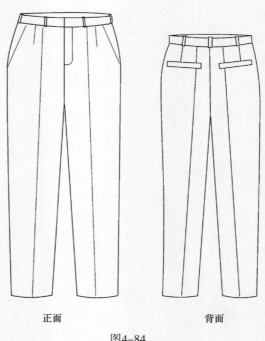

正面　　　背面

图4-84

（二）款式说明

该款式为方形腰头，串带七个，前片左右各两个褶裥，前斜插袋，后片左右各两个省道，省尖处单嵌线后开袋。前片绱门襟拉链。

二、平面结构图

（一）成品规格设计（表4-17）

号型：170/74A

表4-17 男休闲西裤成品规格设计　　　　单位：cm

名称	裤长	腰围（W）	臀围（H）	上裆	脚口宽
规格	104	76	104	30	23

（二）平面结构图（图4-85）

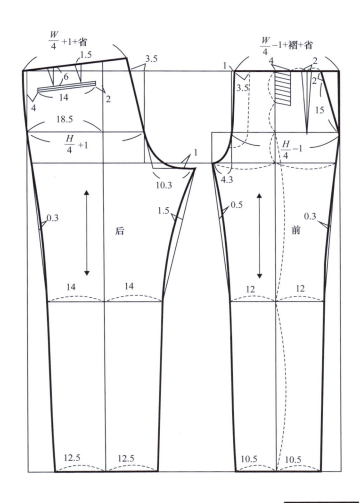

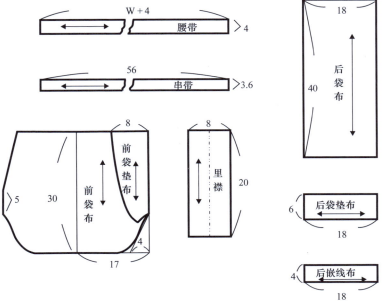

图4-85

三、样板放缝及排料图（图4-86）

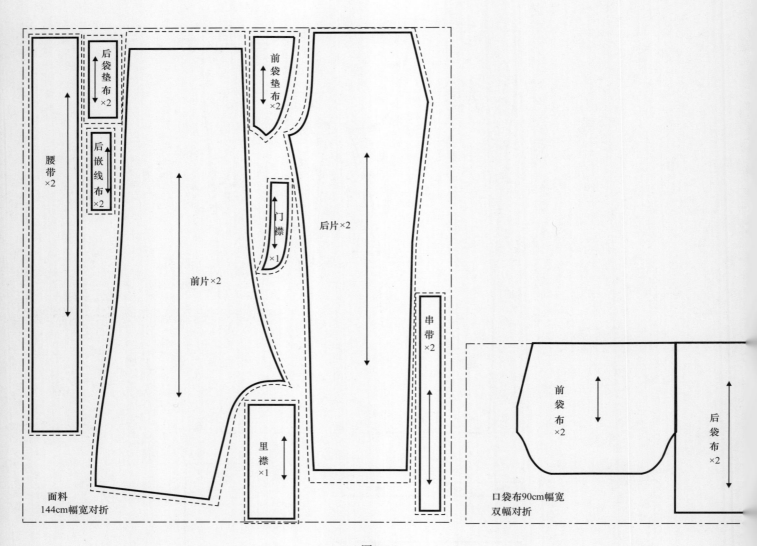

图4-86

（一）样板放缝

底摆放缝份4cm，其余缝份1cm。

（二）排料

面料幅宽144cm，对折排料，用料110cm。公式：裤长+5cm。

口袋布根据口袋长度定。

四、工艺流程图（图4-87）

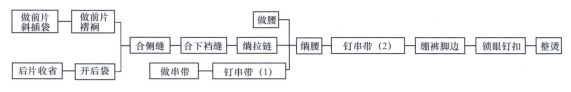

图4-87

五、制作过程

（一）黏衬、锁边。

黏衬部位：门襟、前后袋口、口袋嵌线。

锁边部位：裤片除腰头外其余部位均锁边，腰带不锁边，零部件锁边参见第三章。

（二）缝制

1. 做前片斜插袋

详见第三章斜插袋的做法。如图4-88。

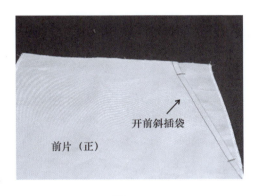

图4-88

2. 做前片褶裥

机缝固定袋布和褶裥，褶裥倒向前中缝熨烫。如图4-89。

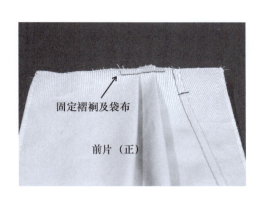

图4-89

3. 后片收省

省道倒向裆弯处熨烫。如图4-90。

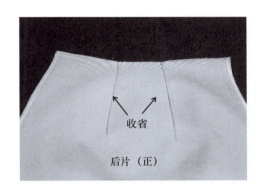

图4-90

4. 开后袋

详见第三章单嵌线挖袋。如图4-91。

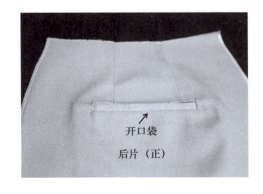

图4-91

5. 合侧缝

将前后片侧缝正面相对，拉开斜插袋口袋布，机缝1cm缝份。劈烫缝份。如图4-92。

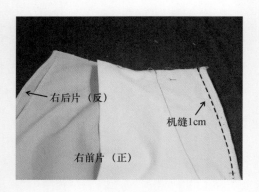

图4-92

6. 合下裆缝

将前后片正面相对，机缝缝合下裆缝。如图4-93。然后劈缝分烫。如图4-94。

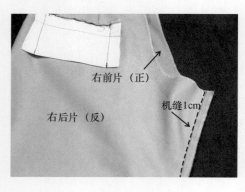

图4-93

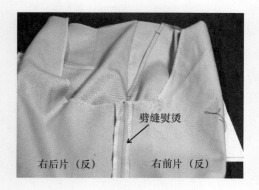

图4-94

7. 绱拉链

详见第三章裤前门襟拉链做法。

（1）先将门襟装在左前裤片上。如图4-95、图4-96。

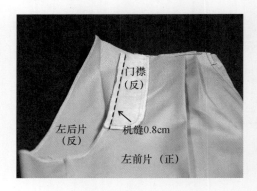

图4-95

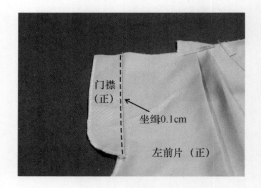

图4-96

（2）左右裤片正面相对，从前小裆封口位置开始向后裆机缝1cm，后裆缝机缝1.5cm，双线固定。分缝熨烫裆缝。如图4-97。

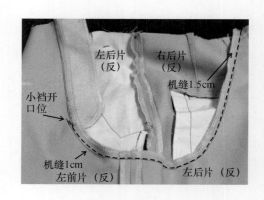

图4-97

（3）绱拉链。详见第三章。如图4-98。

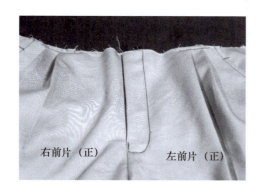

图4-98

8. 做串带

做法如同第三章条形袢的折法，扣折串带缝份，两边各缉0.1cm明线。如图4-99。

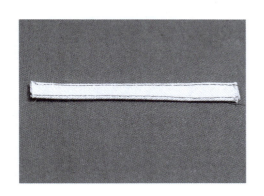

图4-99

9. 钉串带（1）

将串带固定在裤片上，距离腰口2cm。其位置为：左右前片第一褶裥、左右侧缝、左右后省中间、后中缝。如图4-100。

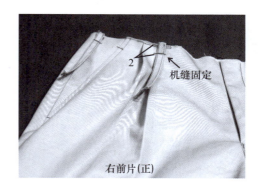

图4-100

10. 做腰

（1）裁剪腰面和腰里。腰面反面黏衬，腰面和腰里均按净样放缝份1cm。如图4-101。

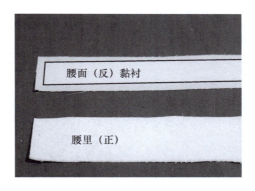

图4-101

（2）将腰里下口向反面扣烫1cm缝份。如图4-102。

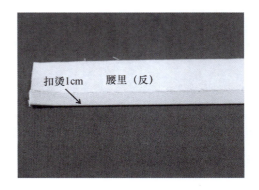

图4-102

（3）腰面和腰里正面相对，从上口反面机缝1cm缝份缝合。如图4-103。

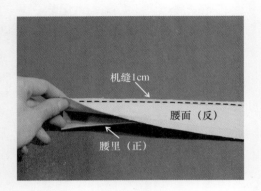

图4-103

（4）将缝份倒向腰里，从腰里正面沿缝合线坐缉0.1cm明线。如图4-104。

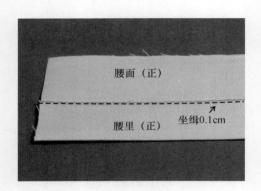

图4-104

11. 绱腰

（1）将腰面正面与裤片正面对齐，留出腰头缝份，从门襟开始沿1cm的缝份缉线。如图4-105。

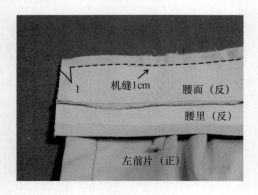

图4-105

（2）将左右腰头止口反向折转机缝缉合，翻至正面。如图4-106。

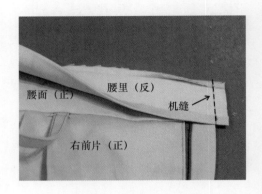

图4-106

（3）从门襟开始向里襟方向用漏落针沿腰面机缝线压缉固定腰里。如图4-107。

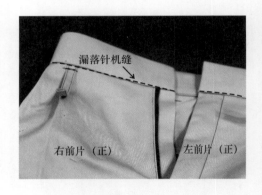

图4-107

12. 钉串带（2）

（1）串带离腰缝线下0.8cm处缉来回针。如图4-108。

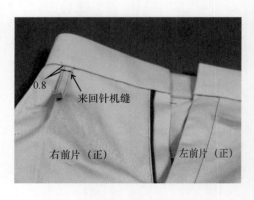

图4-108

（2）然后向上翻正放平，距离腰上口向下0.5cm处折转，来回针固定封牢。如图4-109。

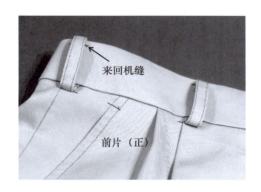

图4-109

13. 绷裤脚边

将脚口贴边折转熨烫，绷三角针。里口手针缲缝。如图4-110。

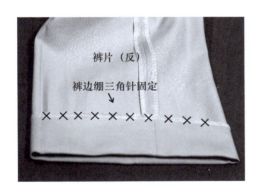

图4-110

14. 锁眼钉扣

后口袋嵌线下1cm居中锁圆头扣眼一只，裤门襟锁圆头扣眼一只，袋垫布相应位置钉1.5cm纽扣一颗。裤里襟钉1.5cm纽扣一颗。如图4-111。

图4-111

（三）整烫

1. 整烫顺序（图4-112）

2. 整烫技术要领及要求

（1）正面熨烫加盖烫布，喷水烫平。

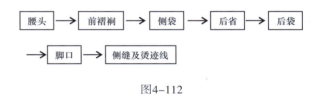

图4-112

（2）根据不同部位，借用布馒头、铁凳等工具熨烫。

（3）黏合衬的部位要坚挺平服，如腰头等部位。

（4）应当烫死的部位要熨烫充分，有持久性，如底摆。

（5）裤身表面无褶皱、无凹凸不平，无烫黄、变色、极光。

（6）裤成型后与人体体型相符合。

六、质检要求（根据《国家服装质量监督检验检测工作技术标准实施手册》部分摘录）

（一）男休闲西裤外型检验（表4-18）

表4-18 男休闲西裤外型检验

序号	外型要求	序号	外型要求
1	裤腰顺直平服，左右宽窄一致，缉线顺直，不吐止口	6	左右裤脚长短、大小一致，前后挺缝线丝绺正直；侧缝与下裆缝、中裆以下须对准
2	串带部位准确、牢固、松紧适宜	7	栋缝顺直，松紧适宜，袋口平服，封口牢固，斜袋垫布须对格条
3	前身褶裥及后省距离大小、左右相同，前后腰身大小、左右相同	8	后袋部位准确，左右相同，嵌线宽窄一致；封口四角清晰，套结牢固
4	门襟小裆封口平服牢固，缉线顺直清晰	9	下裆缝顺直、无吊紧。后裆缝松紧一致，十字缝须对准
5	门里襟长短一致，门襟表面平整		

（二）男休闲西裤缝制检验（表4-19）

表4-19 男休闲西裤缝制检验

序号	缝制要求	序号	缝制要求
1	面料丝绺和倒顺毛原料顺向一致，图案花型配合相适宜	4	机缝牢固、平整、宽窄适宜
2	面料与黏合衬黏合不应脱胶、不渗胶、不引起面料变色、不引起面料皱缩	5	各部位线路清晰、顺直，针迹密度一致
3	钉扣平挺，结实牢固，不外露。纽扣与扣眼位置大小配合相适宜	6	针迹密度：明线不少于14针/3cm，暗线不少于13针/3cm，手缲针不少于7针/3cm，锁眼不少于8针/1cm

（三）男休闲西裤规格检验（表4-20）

表4-20 男休闲西裤规格检验

序号	测量部位	测量方法	极限偏差（cm）
1	裤长	由腰部上端沿侧缝量至脚口边	±1.5
2	下裆长	由裆底十字缝交叉点沿下裆缝至脚口边	±1.0
3	腰围	扣好裤钩（纽扣），沿腰宽中间横量（周围计算）	±1.5
4	臀围	在臀部位置（由上而下，在上裆的2/3处），从左至右横量（周围计算）	±2.5
5	裤脚口围	平放裤脚口，沿脚口从左至右横量（周围计算）	±1.0

（四）男休闲西裤对条对格检验（表4-21）

表4-21 男休闲西裤对条对格检验

序号	部位名称	对条对格互差（cm）
1	前后裆缝	条料对条、格料对横，互差不大于0.4
2	袋盖与后身	条料对条、格料对横，互差不大于0.3

（五）男休闲西裤对称部位检验（表4-22）

表4-22 男休闲西裤对称部位检验

序号	对称部位	极限互差（cm）
1	裤脚（大小、长短）	0.5
2	裤口大小	0.5
3	口袋（大小、进出、高低）	0.4

本章小结

■本章主要学习简单服装的整件缝制工艺，包括不挂里西装裙、男女衬衫、男休闲西裤。这些服装包含大部分服装零部件的缝制以及简单的整件服装的缝制过程，易学易上手。通过上章的基本部件的学习，以及这一章整件服装的制作过程的学习，能够举一反三学会各种基本款式的服装制作。

思考题

1．通过西服裙的制作，设想侧开衩西服裙、A字裙的制作方式及工艺流程。
2．女衬衫的制作中，哪些部位需要黏合衬，为什么？
3．男衬衫绱底领如何保证平整？领面如何形成窝势？
4．西裤门襟如何绱平整？腰头如何做到不拧不皱？

作业题

1．制作一条不挂里西服裙。
2．制作一件女衬衫。
3．制作一件男衬衫。
4．制作一条男休闲西裤。

参考文献

[1] 中屋典子,三吉满智子. 服装造型学:理论篇[M]. 刘美华,金鲜英,金玉顺,译. 北京:中国纺织出版社,2007.

[2] 许涛,陈汉东. 服装制作工艺:实训手册[M]. 2版. 北京:中国纺织出版社,2013.

[3] 朱小珊. 服装工艺基础[M]. 北京:高等教育出版社,2007.

[4] 最新国家服装质量监督检验检测工作技术标准实施手册[S]. 中华图书出版社,2005.

[5] 陈霞,张小良,等. 服装生产工艺与流程[M]. 北京:中国纺织出版社,2011.

[6] 熊能. 世界经典服装设计与纸样[M]. 南昌:江西美术出版社,2009.

[7] 王珉,王京菊. 服装教学实训范例[M]. 北京:高等教育出版社,2004.

[8] 刘瑞璞. 服装纸样设计原理与技术:女装篇[M]. 北京:中国纺织出版社,2005.

[9] 闫学玲,吕经伟,于瑶. 服装工艺[M]. 北京:中国轻工业出版社,2011.

[10] 杨晓旗,范福军. 新编服装材料学[M]. 北京:中国纺织出版社,2012.